環境再興史

よみがえる日本の自然

石　弘之

角川新書

まえがき

こんな事実を知っているだろうか。日本の環境が劇的に回復した証《あかし》である。

・乱獲と生息地の破壊で33羽まで減ったタンチョウ（鶴）が、保護が実って1800羽を超えるまでに回復した。
・埋め立てで干潟を失った東京湾で水遊びのできる人工ビーチも増え、海水浴場は29ヵ所、潮干狩り場は15ヵ所まで増えた。
・東京・神奈川の境を流れる多摩川《たまがわ》は、川沿いの学校では授業で水泳や水遊び、生き物の観察をしている。アユが年間1000万尾以上も遡上《そじょう》する。
・最悪の大気汚染都市に数えられた神奈川県川崎市は、政令指定都市の中では人口増加率、出生率、婚姻率ともにナンバーワン。「もっとも住みたい町」にランクインした。
・大気も海洋も汚染が進行した福岡県北九州市は、世界の環境都市のモデルになり、世界中の環境保護の専門家が訪れ、毎年のように環境の国際会議が開催される。

・大気汚染の元凶として多くの訴訟事件が起きた四日市や北九州などのコンビナート地帯は、工場夜景を楽しむクルーズで大にぎわい。「工場萌《も》え」も増えている。
・「水清ければ魚すまず」が現実のものとなって、瀬戸内海《せとないかい》や有明海《ありあけかい》などの20都市は海がきれいになった分、海水の栄養分が不足して、海苔《のり》やワカメなどの養殖に被害が出はじめた。そのため排水の「下限基準」を設けて下水処理水を流し込む検討をはじめている。世界でも例のない基準だろう。

＊　＊　＊　＊　＊

公害、自然破壊といわれた時代から50年以上も環境問題に関わってきた。この間に、日本は政治、経済、社会が大きく変わり、世界の主要経済国にのし上がった。人類史のなかでもあまり例のない激変の時代だった。第二次世界大戦が終わったのは5歳のときだった。記憶に残る東京の街は、文字通り焼け野原で建物は跡形もなく消えていた。ただ、抜けるような青空と遮るものがない空を染めた夕焼けが、今でも心に残る。

この大戦で、日本は310万人の命、そして1500万人が住む家を失った。国内総生産（GDP）は半減した。日本にとっては、これまでに経験したことのない最大、最悪の環境破壊でもあった。誰もが生きるのに必死だった。一方で、焼け残った公園や墓地や寺社境内には生き物がいち早く戻ってきた。「生き物少年」だった私は、植物や鳥や虫を追いかけるのに忙しい毎日だった。

戦災からよみがえって、「東洋の奇跡」といわれる成長をつづけ、家のなかにはモノが増え、生活は豊かになっていった。だが、慎み深く自然と共生しながら生きてきた日本に、米国式の大量生産・消費・廃棄の生活スタイルが流れ込んできた。

私はこの時代を「環境の変化」という裏側から見つめてきた。新聞記者として、内外の大学の研究者として、国連機関や国際機関の一員として。おそらく、これだけの環境の変化を経験した最初で最後の世代だろう。

日本列島は、大気や水の汚染が起こりにくい自然条件に恵まれている。四面を海で囲まれ、潮の干満と海流で洗われ、豊かな降水量にめぐまれ、河川は急流で、強い季節風が吹く。にもかかわらず、1960年代から70年代にかけて、日本は「世界最悪の汚染」という烙印《らくいん》を押された。大気や水質や土壌は汚染され、騒音や悪臭に脅かされ、野生動物は姿を消した。

各地で公害病が発生して法廷でその責任や補償が争われた。

かつての「軍事的膨張主義」が「経済的膨張主義」に取って代わったとしか思えない現場も各地で目撃した。東南アジアでは熱帯林を大量に伐《き》り出し、遠洋漁業という名の下に他国近海に漁船団を送り込んだ。電子ごみや廃プラスチックを海外に押しつけた。国連総会のある欧州の代表の演説にこんな一節があった。

「ソ連の軍事的脅威と日本の経済的脅威がなければ、世界はどんなに平和だろうか」

こうした時代をくぐり抜けて、私たちは環境問題のかなりの部分を克服してきた。まだ問題は抱えているものの、大気や水質や土壌、廃棄物量や化学物質汚染といった数字で示される環境の指標をみても、世界のお手本といわれるまでに環境を取り戻した。

環境改善の実感がわかない人のために、こんな私の経験を話したい。

私の育った都内の家からは、遠くに富士山の頭がわずかにのぞいていた。小学校から高校まで、「富士見坂《ふじみ》」(東京・文京区護国寺《ぶんきようごこくじ》)を上り下りして通学していた。文字通り、ビルの隙間から富士山が見えた。

東京から富士山が望める年間の日数は、大気汚染の目安にもなる。東京・武蔵野《むさしの》市の成蹊《せいけい》学園は、生徒がさまざまな気象データを測定している。そのひとつとして１９６３年から半世紀以上も、学校から83キロ離れた富士山が目視できるか、毎日屋上から観測している。

高度経済成長期だった１９６５年には、年間わずか22日しか見ることができなかった。だが、自動車の排ガスや工場の排出規制が進み、東京の乾燥化もあって大気は透明度を取り戻していき、２０１４年は過去最高の年間１３８日にまで増えた。

私にとっての隅田川《すみだがわ》の思い出は、花火大会と切っても切り離せない。子どものころ、毎年家族で見物にいくのが夏休みの最大行事だった。当時は「両国《りようごく》の川開き」と呼んでいた。

江戸時代からつづく日本最古の花火大会であり、舟遊びや川面《かわも》の屋台などの庶民のリクリエーションの場として愛された。この光景を描いた浮世絵が数多く残されている。

花火大会は、１９４１年から戦中戦後は中断していたが、48年に再開された。しかし、高度経済成長期に下水や工場廃水が隅田川に流れ込み、川の水質は急激に悪化した。１９５０年代に入って有害ガスや悪臭がたちこめ、魚も貝も姿を消し、花火大会の会場にも悪臭が漂って、ついに１９６１年、「川開き」は中止された。

２３０年近くつづいた花火大会の中止は、地元の人びとにとっては衝撃だった。自治体や地元町会や地域の企業は、川の浄化・環境改善に立ち上がった。住民と川を隔てていた高いコンクリート堤防も一部で取り壊されて自然に近い状態に戻された。下水道の整備が進められ、東京都区部の下水道普及率は１９９４年には１００%を達成した。この結果、２０００年前後から水質は大きく改善し、過去20年以上連続で国の環境基準をクリアしている。隅田川の支流の日本橋川《にほんばしがわ》では、２０１２年から地元の団体や小学生らがサケの稚魚の放流をはじめた。

近年私は、地球規模の環境問題に取り組んできたが、本書ではあえて日本国内の公害・環境問題にしぼった。子どものころから追いかけてきた野鳥の復活、そしてかつて取材のために何度も訪ねた東京湾、多摩川、川崎市のケーススタディからスタートしたい。

環境再興史　目次

第一章

鳥たちが戻ってきた

1．千羽鶴になったタンチョウ

朝の饗宴

釧路《くしろ》市郊外の「阿寒《あかん》国際ツルセンター分館」。2階の展望台に上がると、眼前には大きな雪原が開ける。ここは11月から3月にかけて餌やり場になる。目の前で50羽ほどのタンチョウが、まかれた餌を忙《せわ》しげについばんでいる。

そこにオオハクチョウの一群が舞い降りた。10頭ほどのエゾシカも姿を現した。１００羽を超えるマガモが群れに加わった。タンチョウの餌を狙って集まってきたのだ。朝の饗宴《きょうえん》のはじまりだ（写真１－１）。

雪原の上でタンチョウが優雅に舞う。オスが「クォーッ」と鳴くと、すぐにメスが「カッカ」と応《こた》える。くちばしから白い息が立ち上る。２羽が同時に雪を蹴《け》って大きく飛び上がった。そろそろ、カップルをつくる準備だ。

１９５０年にこの場所で、はじめてタンチョウの人工給餌《きゅうじ》に成功した。ある吹雪の朝、こ

写真1-1　タンチョウの給餌場にやってきたエゾシカ（釧路市郊外の阿寒国際ツルセンター分館にて）

この地主が、大きくて白い数羽の鳥がトウモロコシの茎をつついているのに気づいた。絶滅したと思われていたタンチョウだった。これをきっかけに餌《え》づけがはじまった。

その後、調査研究や教育活動のために、このセンターが建てられた。給餌場に300羽を超えるタンチョウが集まる光景は壮観だ。観光の人気スポットになり、外国人も含めて多くの観光客でにぎわう。今や「ハクチョウ」「流氷」とともに「道東三白」、つまり北海道東部の「白い観光の目玉」である。

分館前の展望台では、数人が双眼鏡をのぞきながらカウンターを手にタンチョウを数えている。毎年1月から2月にかけて、釧路湿原周辺では恒例の「NPO法人タンチョウ保護研究グループ」によるタンチョウの総数調査がつづけられてきた。これまでに30回を超えた。北海道がもっとも寒い時期だ。外気温が氷点下20℃を下回ることも珍しくない。にもかかわらず、この時期に調査が行われるのは、タンチョウが餌場に集まってきてもっとも数えやすいからだ。

研究グループの理事長・百瀬《ももせ》邦和《くにかず》のもとに集まったのべ148人のボランティアが、調査にあたる。学生、社会人、獣医師、研究者、動物園職員、翻訳家ら19歳から85歳までのタンチョウが好きでたまらない人たちだ。東京や兵庫からも参加する。第1回目から参加している人もいる。

防寒服や防寒靴で身を固め、携帯カイロをいくつも服に貼り付けて、餌場、飛行ルート、ねぐらなどに分かれて待機、二重三重にチェックして数えていく。2019年の調査の最終集計は約1650羽。3年前に記録した過去最高の約1850羽には届かなかった。

厳冬期の生息数調査の次は、4～5月の産卵期に軽飛行機をチャーターして、空から営巣場所やつがいの成否や環境の変化などをつかむ。初夏には生まれたヒナのリング（足環）の装着だ。トランシーバで連絡を取り合いながら人海作戦でヒナを捕獲。血液を採取しリングをつけて放す。寒さに代わって、蚊やアブやダニとの戦いでもある。

リングから個体を識別することで、生存率や繁殖成功率、つがいの入れ替わりなど、タンチョウの行動や生態が解き明かされつつある。血液で血縁関係も調べられる。

これだけ長期にわたる野鳥の調査は世界的にも珍しく、調査にはタンチョウが生息する中国、韓国、ロシアの研究者が参加することもある。極寒のなかの熱心な調査に、外国勢は「日本人はすごい」と驚きの声を上げる。タンチョウ保護研究グループは、２０１６年「日韓（韓日）国際環境賞」を受賞した。東アジア地域の環境保全に貢献した団体・個人に贈られる賞だ。

愛されてきたタンチョウ

優雅で気品あふれるタンチョウは、古くから日本や中国で愛されてきた。弥生《やよい》時代の銅鐸《どうたく》の線画にはカメとともに描かれ、『万葉集《まんようしゅう》』では46首の「たづ」を詠んだ歌がある。「たづ」はハクチョウなどの白い大きな水鳥の総称だが、その多くはツルとみられる。大和絵《やまとえ》にはタンチョウの傑作がある。仏教画、墨絵、ふすま絵、版画などでも人気のあるモチーフになった。江戸の絵師、伊藤若冲《いとうじやくちゆう》は花鳥画に好んでタンチョウを取り上げた。

「ツルほど広範囲にさまざまな意匠に用いられているモチーフは他に例がない」といわれるほど身辺にあふれている。縁起のいい鳥として、のし紙や水引、紙幣、家紋、和服の柄、漆器や陶磁器や武具などさまざまな工芸品の意匠に使われてきた。

さらに民話に登場する「鶴の恩返し」は、全国各地に伝わっている。戯曲やオペラにもなった。「ツルは千年、亀は万年」といわれる長寿の代名詞でもある。

江戸末期の浮世絵師、歌川広重《うたがわひろしげ》は「名所江戸百景」の中で江戸に飛来していたタンチョウを描いている。絵の上の方から、タンチョウの上半身が覆い被《かぶ》さるような斬新《ざんしん》な構図だ。この絵が描かれたのは1856～58年、場所は荒川《あらかわ》南岸の湿地帯とみられる。このあたりは、将軍家の御狩場だった。

ツルを食べる習慣は古くからあった。各地の遺跡や貝塚からはタンチョウの骨が出土する。平安時代には食べられた記録があり、鎌倉時代の『新古今和歌集』の選者のひとり、藤原定家《ふじわらのていか》の日記『明月記』（1227年）にはツルを食べたことが記されている。

江戸時代にはツルの肉は高貴なものとされて、庶民には手の届かない存在になった。捕獲は厳重に管理されていた。鶴御成《つるおなり》は、将軍が鷹《たか》狩りでツルを捕らえる特別なイベントだった。そのために、タンチョウは手厚く保護されていた。生息地の一帯は竹矢来で囲まれ、管理責任者の「鳥見名主」、給餌係、野犬を見張る「犬番」などが常駐していた。鳥を驚かさないようにタコ揚げも禁止されていた。

徳川家康《とくがわいえやす》はひんぱんに鷹狩りに出かけた。「生類憐《あわれ》みの令」を定めて生き物の殺生を禁じた五代将軍綱吉《つなよし》でさえ、鷹狩りをした。ツルを捕らえて肉として天皇家に献上することは徳川家のつとめだった。献上した残りは宴を開いて大名たちにふるまった。他方、大名からも将軍にツルが献上された。

ツルを捕獲した場所は、葛西《かさい》、深川《ふかがわ》、千住《せんじゅ》、品川《しながわ》、麻布《あざぶ》、下谷《したや》、大森《おおもり》、中野《なかの》など、東京湾の沿岸から荒川の流域、さらに内陸の湿地帯にまで広がっている。捕獲されたツルの数は、１６１１年から１７９０年までの１７９年間に１８３羽、年平均１羽だった。

明治維新をきっかけに江戸時代の禁鳥制度が廃止され、銃猟の解禁とともに乱獲された。１８９２年になってツル類の狩猟が禁止されたが、そのときはすでに各地で姿を消し、本州では大正時代には絶滅したとみられる。

33羽から千羽鶴へ

１９２４年に釧路湿原で十数羽の姿が目撃された。１９３５年に繁殖地も含めて国の天然記念物に指定されたものの、タンチョウの消息は途絶えた。「日本野鳥の会」を創設した中《なか》西悟堂《にしごどう》が、１９３９年に北海道を訪ねたときにタンチョウを探したが、「一日探し廻《まわ》って逢《あ》えなかった」と書き残している。

１９５２～53年に小中学生や社会人ら一万数千人が参加して探したが、確認できたのは33羽だけだった。あわてて国は特別天然記念物に格上げした。国や自治体が保護に乗り出し、すこしずつ回復して62年には１７８羽、88年に４２４羽、２０００年になって７４０羽に増

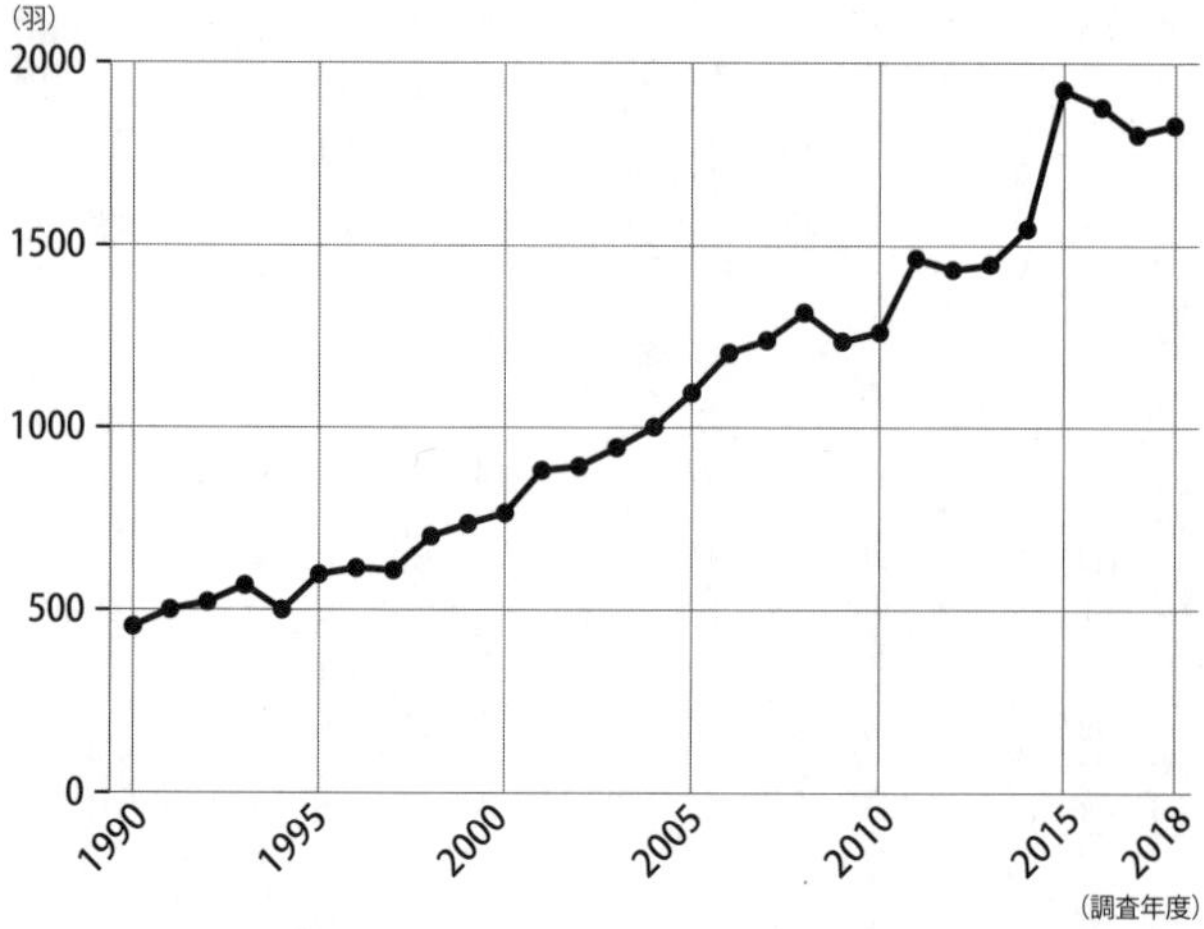

図1-1　北海道における野生タンチョウの冬期確認数（NPO法人タンチョウ保護研究グループの調査をもとに作成）

えてやっと保護の手応えが出てきた。

２００４年には待望の１０００羽を超えて、「千羽鶴」を達成した。そして15年度には１８００羽の大台に乗った（図１‐１）。この回復にもっとも貢献したのは、冬季の餌やりだった。それまでは、冬季の食糧不足から生息数は思うように伸びなかった。

しかし、１９５０年にはじまった餌づけの成功で、各地に給餌場が設けられるようになった。現在では、環境省が管理する３ヵ所と、北海道庁が管理する中小規模の20ヵ所の計23ヵ所がある。

ツルの仲間はタンチョウ以外にも、鹿児島県出水《いずみ》市の荒崎《あらさき》田んぼや山口県周《しゅう》南《なん》市などに冬鳥として渡来するナベヅルをはじめ、マナヅル、クロヅル、アネハヅル、ソデグロヅル、カナダヅルなど7種が飛来する。世界で15種類いるツル類の約半分が日本で見られる。

そのなかでも、飛来数のもっとも多いナベヅルは1万2000羽前後にもなり、世界の総生息数の約9割が日本で越冬している。万が一伝染病などが発生すると、種の維持にも影響が出かねないと、関係機関は気が気ではない。

ツル類のなかでタンチョウはスターだ。体長は125～152センチ、翼を広げると240センチもある。からだは白いが、眼先からノドと首にかけて黒い。頭頂には羽毛がなく赤い皮膚が裸出する。鶏のトサカと同じものだ。漢字の丹頂《たんちょう》の「丹」は「赤い」という意味だ。この白と黒と赤の配色が、何ともいえない気品を演出する。

雑食性で昆虫やその幼虫、エビやカニなどの甲殻類、カタツムリ、タニシなどの貝類、ドジョウ、コイ、ウグイなどの魚類、カエル、鳥類のヒナ、野ネズミなどの哺乳類《ほにゅう》、セリ、ハコベ、ミズナラなど植物の葉や芽や実などを食べる。湿地の浅瀬に枯れたヨシなど草や木の枝などを積み上げて、直径150センチほどの皿状の巣をつくり、3～5月に1～2個の卵を産む。雌雄が交替で卵を抱き、31～36日で孵化《ふか》し、約100日で飛べるようになる。

東アジアの分布

日本以外に、ロシア南東部、中国、韓国北部、北朝鮮に分布する。夏季には中国北東部、アムール川やウスリー川中流域で繁殖し、冬季になると朝鮮半島、長江《ちようこう》下流域に南下して越冬する。中国、韓国、ロシア3ヵ国にモンゴル、北朝鮮を加えた大陸全体のタンチョウの生息数は約3400羽。

大陸産は日本産と比べて、タンチョウの保護は進んでいない。生息数がはっきりしない保護区も多い。アムール川流域では野火による植生の変化や巣材の減少により、中国では農地開発による繁殖地の破壊などで生息数は減っている。これ以外にも湿原の干拓、密猟、餌不足など、国ごとにそれぞれ問題を抱えている。ロシアから中国へ足環をつけて放したツル類が、ほとんどロシアに戻ってこないと研究者の間で懸念する声が上がっている。おめでたい瑞鳥《ずいちよう》とされるタンチョウは中国では人気がある。捕獲されて富裕層がペットとして庭で飼っているという目撃談もある。

タンチョウが集団で登場するショーを、自然保護区内で見世物にしているところもある。2008年の北京《ペキン》オリンピックの開会式では、ハトの代わりにタンチョウを飛ばすという計画も検討された。さすがに反対の声が出て取りやめになった。

近年、秋田、石川、宮城の各県で、それぞれ1羽のタンチョウが見つかった。遺伝子を調べると、大陸産と判明した。遺伝子レベルの研究では、日本産と大陸産ではかなりの違いがあることがわかってきた。

タンチョウ保護の連携を図るために、タンチョウ保護研究グループは、日韓中露米の保護研究に携わる活動家を集め、直面している課題や対策を話し合う「国際ワークショップ」を2007年から3年連続で開催した。2009年には「国際タンチョウネットワーク（ＩＲＣＮ）」を設立した。研究者の交流も盛んに行われている。

朝鮮半島で越冬する群れは、朝鮮戦争の混乱で一時は150羽ほどに減少して絶滅が心配された。だが、思いもかけないところにタンチョウのサンクチュアリー（聖域）が出現した。非武装地帯（ＤＭＺ）である。

朝鮮戦争後、半島は南北に分断されて、幅4キロ、陸上部分だけで長さ約248キロにわたってＤＭＺで隔てられた。907平方キロにおよぶＤＭＺには6本の川が流れ、西側は平野と湿地帯、東側は山岳地帯という多様な自然だ。

60年以上も鉄条網や地雷で守られてきた非武装地帯では、人の影響から遠ざけられ、自然が回復するのにつれて動物たちが戻ってきた。韓国の自然保護団体の努力も実って、タンチョウは1970年代には200～250羽、2006年には850羽、そして最近では1400羽を超えるまでに増えた。

タンチョウだけでなく、絶滅の危機にあるジャコウジカも発見され、ヒョウの亜種のアムールヒョウも目撃された。絶滅したと思われたカワウソも繁殖をはじめた。

わずかな期間、人間の干渉がなくなっただけで、これほどまでに自然が回復した。ウクライナのチェルノブイリ原発事故後の立ち入り禁止区域でも、オオカミやクマなど多様な野生動物が戻ってきた。原発事故後の福島でも、イノシシやネズミが急増して、こちらは農作物などを荒らすなど深刻な問題になっている。

増えすぎた悩み

釧路湿原では、生息数が増加する一方で問題も顕在化してきた。繁殖地の不足、生息環境の悪化、過密化による感染症流行の恐れ、そして人間との距離が狭まったことで、農作物の食害、電線に衝突する感電死、交通事故などが増えている。牛舎に餌を取りにきて、スラリー（家畜の汚物溜《だ》め）へ転落するタンチョウもいる。

餌づけによって人を恐れなくなり、牛舎に居候して家畜の餌をちゃっかり失敬するものも現れた。タンチョウの生息地の畜産農家は、どこも「食客」を抱えている。ずらりと並んだ牛の畜舎の柵《さく》越しに首を突き出して外側に置かれた箱から餌を食べていると、反対側からはタンチョウが並んで牛の餌を食べている。つまり向かい合って「同じ箱のメシ」というわけ

写真1-2　掃きだめにツル

だ。

畜産農家のごみためや堆肥《たいひ》の山で餌をついばむタンチョウも出てきた。まさに「掃きだめにツル」というたとえ通りだ（写真1‐2）。

2016年に、釧路湿原を抱える鶴居《つるい》村《むら》の地域団体が村の農家80戸に聞き取り調査を実施した。それによると、タンチョウが農場の敷地内に毎年来ていると回答した農家は全体の8割近くあり、この状況が10年以上つづいているとの回答は6割以上あった。

農家によっては、餌を奪われるのを覚悟でタンチョウの保護のために「お目こぼし」をしている。当然、厄介者扱いする農家もいる。畑に播《ま》いたトウモロコシをついばみ、収穫前の麦畑に入って踏み荒らすからだ。農家からは「これだけ増えたのに、今後どれだけ増やせばいいのか」という不満の声も上がる。

給餌の廃止へ

タンチョウにとって好適な営巣環境である湿原は、明治時代以後の開拓や開発により大幅に失われ、北海道東部に残された湿地は1950年代以後、約40％も減少した。生息数の増加と生息地の減少の挟み撃ちにあって、タンチョウの住宅難は深刻化している。

タンチョウは北海道東部の湿原を中心に約450つがい以上が営巣し、夏場は各地に広がっている。だが、冬場は生息数の9割余りが釧路地域に集中し、そのうちの半数は3ヵ所の給餌場の餌に頼っている。毎年33トンもの餌が与えられ冬を生き延びる。

その農家も時代の波にさらされている。後継者のいないために離農する人が増えている。畜産家が集まって会社組織にして、畜舎に「通勤」する人も多い。畜舎もきれいに管理されて入り込めなくなり、食客の地位は安泰ではない。

環境省は2013年度に「タンチョウ生息地分散行動計画」を策定して将来的に給餌を全廃し、今後20年間かけて本州で越冬する群れをつくる長期プランを作成した。その第一歩として15年度から5年かけて給餌場にまく餌の量を半減させる計画を開始した。

皮肉なことに、その初年度は台風の直撃で畑のデントコーンがなぎ倒された。これが好物のタンチョウにとっては、思いもかけないごちそうになった。畑に直行するものが続出して、給餌場はがらがらになった。

タンチョウ観光と畜産業の両立に苦慮する村もある。鶴居村は、1937年に舌辛村《したからむら》(現・釧路市阿寒町)から分村したときに、タンチョウの飛来地であることに因んで村名がつけられた。

一時は絶滅したと考えられていたタンチョウが、1924年に鶴居村で十数羽が確認され、その後のタンチョウ復活の中核になった。阿寒摩周《ましゅう》国立公園と釧路湿原国立公園に挟まれた美しい村だ。酪農、農業に加えてタンチョウ観光で、村民の収入も多い。

大規模給餌場が2ヵ所あり約600羽が越冬する。冬季には中国や韓国から観光客が殺到して、2019年の2月にはおみやげが売れすぎて、品不足になったほどだ。

だが、タンチョウの数が増えるにつれて問題も出てきた。6月初旬に芽を出したデントコーン畑で、作物を狙ってタンチョウが毎日のようにやってきて、芽を食べてしまう被害が広がっている。刈り取った干し草を覆っている保存用のビニールに穴を開ける。神経質な若い牛を驚かしてケガをさせる。ロケット花火で脅かしても被害はなくならない、と農家は不安げだ。

こうしたなか、官民一体で対策を考えるため、2018年に農業、観光関係者、自然保護団体などの代表が集まって「鶴居村タンチョウと共生するむらづくり推進会議」が設置された。会議は継続的に協議し、ツルとともに生きる「鶴居モデル」の構築を目指していく、という。

タンチョウ保護研究グループの理事長、百瀬邦和もタンチョウに魅せられたひとりだ。もともと野鳥の研究者でトキやアホウドリの保護にも関わっていた。１９８０年に米国ウィスコンシン州にある研究機関「国際ツル財団」（ＩＣＦ）で働いてから、タンチョウの研究や保護にのめり込んだ。

だが、現在大きなジレンマに直面している。タンチョウは過密状態にあり、病気の流行などが心配されている。しかし、これは人間側の餌やりが招いた結果だ。確かに、絶滅の危機は回避され、新たな観光資源も生まれた。一方で、農業被害の苦情も持ち込まれるようになった。

百瀬は心配する。「分散をうながすために給餌を減らしても、安全な湿地が各地にあるわけでもなく、自活できる環境はほとんど整っていない。かえって作物を荒らして、被害を大きくするかもしれない。どう、人とツルが共生できるのか。科学的データに基づいて30～50年先でも通用する保護を研究していきたい」

2. 孤島で全滅を免れたアホウドリ

尖閣諸島のアホウドリ

1988年のことだ。新聞記者だった私は、尖閣《せんかく》諸島の上空を小型機で飛んだ。島々を2周する間、同乗のカメラマンに眼前にそびえる岩山を連写してもらった。現像したら、ふかふかの黒褐色の羽毛で被《おお》われたヒナが、岩棚の7ヵ所に座り込んでいるのが写っていた。

これが国内で2ヵ所目のアホウドリの繁殖地の発見だった。かつては尖閣諸島にも多くのアホウドリが生息し、1971年には生息が確認されていた。私たちの功績は写真にたまたまヒナが写っていたことにすぎない。ここのアホウドリは後にドラマを生むことになった。

現在の尖閣諸島での生息数は推定で100羽以下。かつてこの島でもアホウドリの大虐殺があった。生き残った鳥たちは、国際紛争にもみくちゃにされている尖閣諸島をどんな目で眺めているのだろう。

地球上に生息するアホウドリのほとんどは、この尖閣諸島をのぞけば伊豆《いず》諸島の南端にある鳥島《とりしま》に集中する。この火山島で大きな噴火でもあれば、全滅することにもなりかねない。2008年から安全な第二の生息地をつくる活動が国の事業としてはじまった。「アホウドリ移住プロジェクト」だ。

それを指揮したのが、長谷川博《はせがわひろし》東邦大学名誉教授。鳥島で生まれたばかりのヒナを、そこから350キロ離れた小笠原《おがさわら》諸島の聟島《むこじま》に移して人工飼育し、最終的には自然に戻して繁殖させるプロジェクトだ。むろん、アホウドリ類では世界でもはじめての試みである。

2008年2月、アホウドリのヒナ10羽が鳥島からヘリコプターに乗せられ、聟島に移された。5月末までおよそ4ヵ月間、プロジェクトのリーダー、山階《やましな》鳥類研究所の出口智広《でぐちともひろ》らがヒナたちの親代わりとなって餌を与え育て、巣立ちまで見守った。これまで聟島に運ばれて巣立った幼鳥は計69羽になった。

巣立った後、北太平洋で3年間暮らして、2011年に真っ先に聟島に戻ってきたのは、イチローと名づけられたオスだった。翌年には、生涯の伴侶《はんりょ》となる野生のユキを島で見初めた。しかし、生まれたのは無精卵だった。2013〜15年も二世誕生はならなかった。

そんな矢先、グループは歓喜に包まれた。聟島からわずか5キロ離れた媒島《なこうどじま》で、「Y11」という人工飼育されたメスと鳥島生まれのオスとの間でヒナが誕生し、無事育っていたことが確認された。聟島に移されて育った若鳥が鳥島と行き来するようになって、カップルが誕生したらしい。

そして２０１６年１月、イチローとユキの四度目の挑戦が実って待望のヒナが生まれた。聟島ではじめての誕生だ。５月に元気に巣立っていき、鳥類保護の歴史に新たな一ページを開いた。長谷川や出口のところには、世界各国の鳥類学者から祝福のメールが殺到した。

同年５月にはもうひとつおまけがあった。同じ小笠原諸島の嫁島《よめじま》で、両親不明のヒナが誕生した。

野生のユキはどこからきたのだろうか。山階鳥類研究所研究員の佐藤文男《さとうふみお》らはそのナゾを追った。答えを出したのは、北海道大学総合博物館准教授の江田真毅《えだまさき》だった。遺伝子を分析したところ、何とユキは２０００キロ以上離れた尖閣諸島生まれだった。予想もしなかった結果だった。

その後の研究で、鳥島生まれのヒナの７％から尖閣諸島生まれの遺伝子が見つかった。両者は、北太平洋で交流していたことがわかってきた。さらに調べていくと、ユキの遺伝子配列は鳥島産のとは大きく異なり、尖閣諸島産は新種のアホウドリの可能性が高い。

当初、ユキが無精卵しか産まなかったのは、種の違いで発情期が微妙にずれていたためではないかと、佐藤は考えている。近い将来、新種として国際的に認知されて名前がつくかも

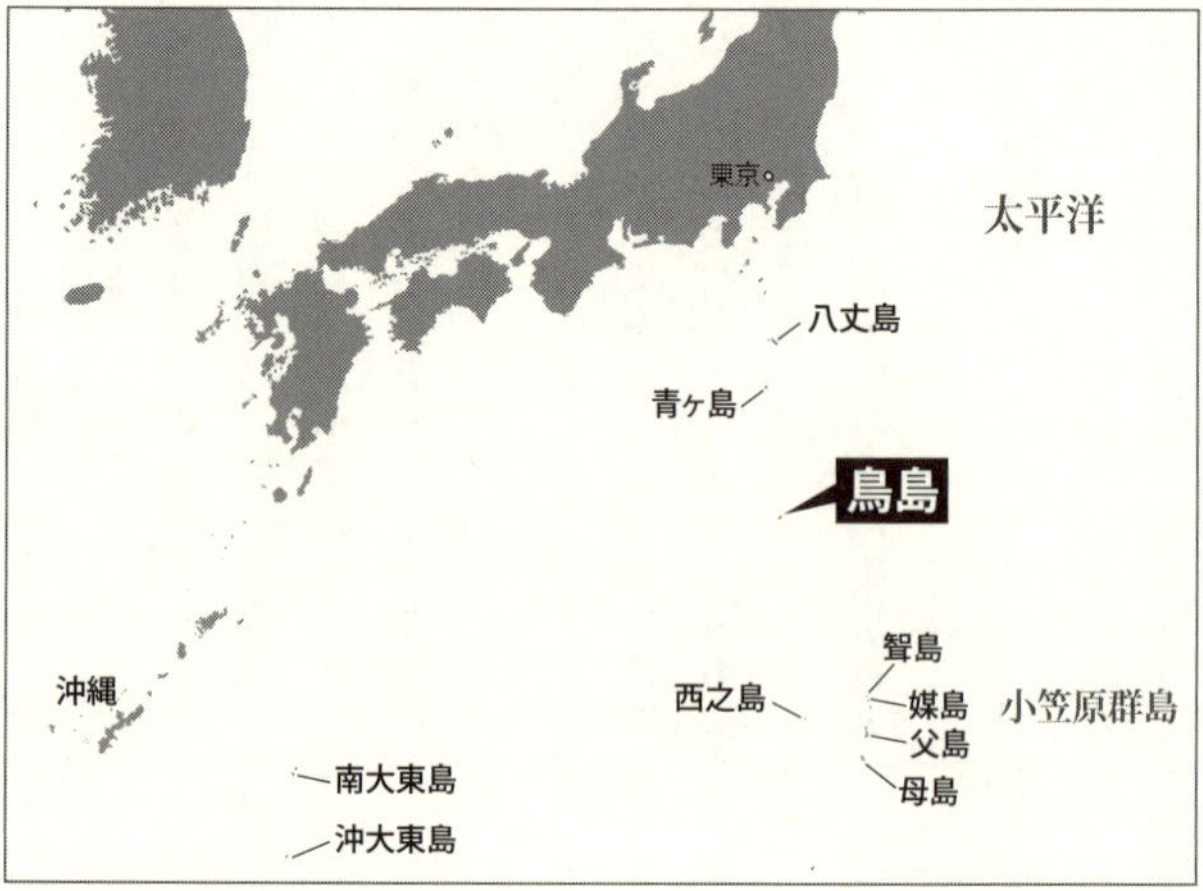

図1-2　鳥島周辺の地図

しれない。

鳥に救われた漂流民

　鳥島は世界の海難史でも例のないほど多くの漂流者でにぎわった絶海の孤島だ。東京都に属する無人島で、伊豆諸島の南端で東京から南へ約580キロ、伊豆諸島の八丈島《はちじょうじま》からは約300キロ南にあたる（図1-2）。小笠原諸島の聟島列島からは約370キロ離れている。

　面積はわずか4・8平方キロ、直径は約2・5キロ、周囲は約7キロ、最高地点は硫《い》黄山《おうやま》山頂の394メートル。二重式火山の山頂が海面に頭を突き出した形をしている。火山活動度ランクAの活火山に指定され、1902年の噴火によって島民125人全員が死亡し、その後も噴火を繰り返してきた。

島に流れ着いた数多くの漂流民の悲劇と勇気は、多くの小説やドラマを生んできた。江戸時代の記録に残る鳥島漂着は14件。漂着した乗組員はわかっているだけで98人、そのうち80人が無事生還できた。平均の島の滞在日数は約3年だ。だが、この何倍もの船乗りが、漂着しても餓死したり病死したり自殺をとげたりしたことだろう。

なかでも有名なのは、ジョン万次郎《まんじろう》（本名・中濱《なかはま》萬次郎）だ。１８２７年に土佐の中浜《なかのはま》、（現・高知県土佐清水《しみず》市中浜）で貧しい漁師の次男として生まれた。14歳のとき、はじめてカツオ漁船に乗り組んだ。このとき嵐に遭い、仲間４人とともに鳥島に流れ着いた。

１４３日間の島での生活の後、米国の捕鯨船ジョン・ハウランド号に救助された。鎖国下の日本には戻れなかった。仲間はハワイで下船、彼だけは助けてくれたホイットフィールド船長の養子になって米国で教育を受けた。優秀な成績で高校を卒業して、捕鯨船の一等航海士にもなった。

しかし、望郷の念が抑えがたく10年後の１８５１年に帰国をはたした。ペリー来航の2年前のことだった。帰郷後すぐに土佐藩の士分に取り立てられ、藩校「教授館」の教授に任命された。

黒船来航への対応を迫られた幕府はアメリカの知識を必要としていたことから、万次郎は幕府に召し抱えられ、直参の旗本の身分を与えられた。軍艦教授所教授に任命され、造船の指揮、測量術、航海術の指導にあたった。

さらに、英会話書の執筆、翻訳、講演、通訳、英語の教授、船の買付など精力的に働いた。欧米の情報に飢えていた幕末の志士や知識人に大きな影響を与えた。明治維新後は開成学校（東京大学の前身）の英語教授に就任した。

アホウドリの発見

鳥島は人の生存にはきわめて過酷な環境だ。水がない。食料もない。にもかかわらず8割もの漂着民が生還できたのは、この島を埋め尽くしていたアホウドリの存在にあった。アホウドリについては、漂流民の帰国後の証言にもひんぱんに登場する。大坂北堀江の船の記録が「無人島え漂流之日記」として残されている。そのなかのアホウドリのくだりを現代語訳で紹介する。

「（島に流れ着いて）生い茂るススキを押し分けながら通り過ぎていくと、一面に白い鳥、黒い鳥が集り、足の踏み場もないほどだった。大きな鳥なのでびっくりして、どういうわけでこんなにまで鳥がたくさん集っているのかとあきれ果てた」

写真1-3　空をすべるように飛ぶアホウドリ（長谷川博撮影）

生存者がいた11件の漂着の時期は、すべて11月から3月に集中している。この季節は渡り鳥のアホウドリが島に留《とど》まっている時期だ。その間、アホウドリの肉や卵をふんだんに食べることができた。棒一本で何尾でも打ち殺すことができた。鶏卵の6個分もあるアホウドリの卵の殻は、雨水の保存に使われた。羽や皮は乾かしてつなぎ合わせ、衣服や敷物をつくることができた。アホウドリがいなくなる時期に備えて、大量の鳥の干物をつくって備えることができた漂着者たちは餓死を免れた。

アホウドリは、翼を広げると2・4メートル、体重は約7キロにもなる。翼はほとんど羽ばたかせず、グライダーのように風を利用して飛ぶ（写真1-3）。人に対する警戒心がないうえに歩くのが下手なことから、容易に撲殺できた。そこから「あほう（阿呆）どり」の名前がついた。漢字では「信天翁」の字をあてる。「空から餌が降ってくるのを信じて待っている」という意味だという。

アホウドリ科の分類は諸説あるが、国際鳥類学会議（ＩＯＣ）は21種としている。羽毛のために殺されることはなくなったが、海の表層近くで魚や甲殻類を餌にしているため、「はえ縄」で混獲されることが最大の脅威になっている。

鳥島には、アホウドリと、クロアシアホウドリの2種類が生息、小笠原諸島の聟島にはわずかながらコアホウドリが繁殖している。

鳥島では、4月末～5月はじめに島を離れて、10月はじめに繁殖のためにふたたび島に戻ってくる。若鳥は巣立って4～5年は戻ってこない。繁殖期を除いて一生を海の上で暮らす。日本から渡っていく先は、北太平洋のアリューシャン列島から米国西海岸沖合の海域だ。

明治初期の輸出品、乱獲と急減

明治維新後、改めて資源小国の悲哀を味わった日本にとって、太平洋に点在する島々に集団で営巣するアホウドリの羽毛（ダウン）が貴重な輸出産品になった。鳥島以外にも、小笠原諸島の北之島、聟島、嫁島、西之島、沖縄東方にある大東《だいとう》諸島の北大東島、沖大東島、尖閣諸島、台湾付近の澎湖《ほうこ》諸島などには数多くの集団営巣地があった。

アホウドリの羽毛に目をつけたのは、明治の実業家、玉置半右衛門《たまおきはんえもん》（１８３９～１９１１

写真1-4　膨大な羽毛を採取して欧州に輸出

年）。１８８６年に鳥島に渡って翌年玉置商会を設立、１９２２年に鳥島から撤退するまで膨大な羽毛を採取して欧州に輸出した（写真１‐４）。殖産興業を掲げた明治政府も、アホウドリの産地を探すために玉置に奨励金まで支払って後押しした。

それは大殺戮《だいさつりく》とも呼ぶべきものだった。『アホウドリを追った日本人』（平岡昭利著）によると、１８９０年ごろには年間約40万羽が鳥島で殺されていたという。ひとりで一日に、１００～２００羽をなぐり殺した。１９００年ごろには、この小さな島に３００人が住んで羽毛採取で生計を立てていた。小学校があり、殺したアホウドリを運ぶ軽便鉄道まで敷設されていた。

山階鳥類研究所の創設者である故山階芳麿《よしまろ》

所長は、1902年までに少なくとも500万羽のアホウドリが殺されたと推定している。アホウドリは絶滅の一歩手前まで追い詰められた。

かつては贅沢品《ぜいたく》だった羽毛（ダウン）の布団が欧米で広まってきたのは、18世紀末の産業革命によって大量生産ができるようになってからだ。羽毛は水鳥にしかなく、鳥の胸のあたりから採る。吸湿性や保温性に優れていて軽いので、人気が高い。シングルサイズの布団なら一枚で1・1〜1・3キロが使われる。羽毛は一羽から10〜20グラムのわずかな量しか採取できないから、一枚の布団をつくるのに100羽もの鳥を殺す必要がある。現在の羽毛夜具は、ほとんどがガチョウかアヒルのものか化学繊維だ。

玉置は1885年ごろから欧米へ羽毛の輸出をはじめ、莫大《ばくだい》な利益を上げた。この成功は新聞雑誌にも大きく取り上げられ、南洋開拓ブームの火付け役になった。一攫《いっかく》千金を夢みた人びとがぞくぞくと乗り込んできた。膨大な数のアホウドリが殺され、小笠原諸島では北の聟島列島に生息するだけになった。

1880年代の終わりには、羽毛採取業者は新たな生息地を求めて尖閣諸島に進出。さらに日清《にっしん》戦争を経て1895年に台湾が日本の領土となると、その北部の無人島群、さらにミクロネシアのアンガウル島、カロリン諸島へと押し寄せた。鳥島のアホウドリを獲り尽くした玉置も、1900年に南大東島へと向かった。

一攫千金の夢をみて多くの日本人が、米国の管理下にあったミッドウェー諸島、北西ハワイ諸島などへ進出していった。それらの島では、密猟され羽毛をむしり取られた大量のアホウドリの死体が海岸に積み上がっていた。

それを目撃した米国海軍調査船の報告から、日本人は残酷だという非難が米国内で巻き起こった。当時米国内で高まっていた日本人排斥運動にもつながった。ハワイの米国海軍軍務局は1903年に、在ハワイ日本総領事にハワイ周辺海域での鳥類捕獲を中止するよう要求した。それでも密猟は止まらなかった。この報告を受けたT・ローズベルト大統領は、北西ハワイ一帯を「パパハナウモクアケア海洋国立遺産」に指定した。ここは現在では世界最大級のアホウドリ類の繁殖地であり、世界遺産にも登録された。

1930年に鳥島を訪れた山階所長は、アホウドリは2000羽ほどしか生き残っていないと報告している。1932年に所長に派遣された山田信夫の調査では、わずか数十羽と激減していた。山階所長らの働きかけで1933年に鳥島は禁猟区になった。

第二次大戦前後のアホウドリの様子はよくわかっていない。戦後いち早くアホウドリの調査に来島したのは、米国の鳥類学者オリバー・オースチン（1903～1988年）だった。ハーバード大学で鳥類学の学位を取得した後、米国海軍を経て政府天然資源局で働いた。

1946年から49年まで占領下の日本で勤務し、狩猟法の改革や動物保護区の設定など野生動物の保護に尽力した。5月の愛鳥週間は彼の提案ではじめられた。数多くの動物標本を採取するとともに、戦後間もない東京をカメラにおさめた。その写真はインターネットで見ることができる。

オースチンは1949年に伊豆諸島南部から小笠原諸島北部を船で調査した。海が荒れて鳥島には上陸できなかったものの、海上から繰り返し観察した結果、アホウドリは絶滅した可能性が高いと発表した。これが「絶滅宣言」となった。

第二次大戦後、鳥島は台風観測の前進基地として、気象庁は1947年に鳥島気象観測所を開設した。1965年に地震で被害を受けて閉鎖されるまで、職員が18年間常駐していた。アホウドリを再発見した功績者は観測所の所員だった。1951年1月、島内の巡視をしていた山本正司《やまもとしょうじ》が、島の東南端の断崖《だんがい》に囲まれた急斜面に10羽ほどが生き残って繁殖しているのを見つけた。

再発見後、鳥島観測所の職員による保護活動がはじまり、所員の交替や物資搬入のため運航されているわずかな便船を利用して、研究者による調査も開始された。1958年には天然記念物、1962年には特別天然記念物に昇格した。

観測所の閉鎖後は島への船の便はなくなり、アホウドリの状況はわからなくなった。

写真1-5　アホウドリの保護に尽力した長谷川博（長谷川氏提供）

1973年4月、英国の鳥類研究者ランス・ティッケル博士と山階鳥類研究所の吉井正が英国の軍艦で鳥島を訪れた。このときは、成鳥が25羽、ヒナが24羽確認されただけだった。

保護に人生をかけた長谷川博

絶滅の危機に追い込まれた動物には、必ずといってもよいほど人生をかけて保護に取り組む人物が現れる。アホウドリの場合は長谷川博東邦大学名誉教授だ（写真1-5）。京都大学の院生だった長谷川は、1973年にティッケル博士に出会ってアホウドリの研究を託された。

1977年、はじめて鳥島に上陸して、15羽のヒナと71羽の成鳥・若鳥を観察し、総個体数を約200羽弱と見積もった。もし、巣立つヒナの数がこれより少なければ、減少に向かう恐れがある。

長谷川はアホウドリの復活にかけることを決心した。そのためには、繁殖成功率を引き上げ、巣立つヒナの数を増やさなければならない。それには、急斜面の営巣地は火山性の表土が崩れやすく、植生も貧弱で卵が転落する事故を減らす必要があった。1981年と82年に、彼の提案で環境庁（当時）と東京都が斜面にハチジョウススキやイソギクなどの植物を移植する工事を実施した。その結果、繁殖成功率は工事前の平均44％から工事後の平均67％へと大幅に上昇して、ヒナ数は1980年の20羽から85年の51羽に増えた。

それ以来40年間、長谷川は毎年のように鳥島に通って産卵数やヒナの数を調べ、ヒナに足環の標識を取りつけて追跡調査してきた。1999年には1000羽を超えるまでになった。

アホウドリの大部分が繁殖している鳥島では、火山がいつ噴火するかわからない。鳥島の繁殖地は島の南東側の斜面だが、島の反対側の西側の緩斜面に新たなアホウドリの繁殖地をつくる作戦を1992年11月に開始した。そのために実物大のデコイ（模型）を並べ、鳴き声を流して集団繁殖地があるように見せかけて呼び寄せようとしたのだ。

この場所は草が生えた緩斜面で環境条件がよいため、繁殖の失敗が少ないことが期待できた。1995年秋に新繁殖地ではじめて産卵が確認され、2004年6月までに11羽のヒナが巣立った。2006年には13羽のヒナが孵化した。アホウドリは順調に数を回復させてい

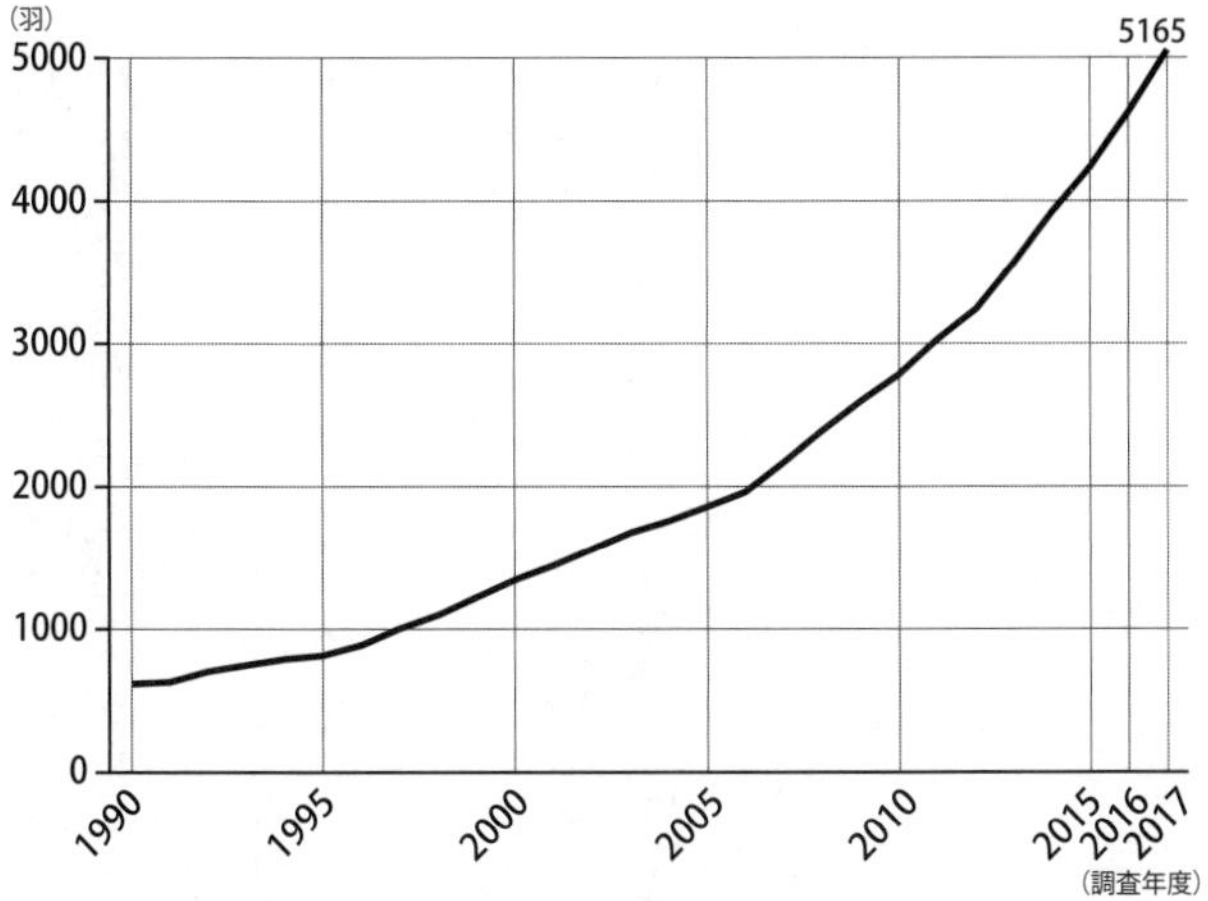

図1-3　アホウドリの個体数、回復の推移（長谷川博氏の調査をもとに作成）

った。

２００8年に鳥島の集団の総個体数は２０００羽を超えた。この年、米国魚類野生生物局と環境省、山階鳥類研究所などが協力して、鳥島からヒナを聟島列島に再導入して、そこに繁殖地を復元する保護計画がはじめられた。その後２０１２年までの5年間に、合計70羽のヒナが聟島に運ばれて、人の手で野外飼育されて69羽が海に飛び立った。

長谷川はかねがね、５０００羽まで回復させることを目標にしてきた。２０１９年にはこの目標が達成できると語っていたが、18年には５５００羽になってあっさり目標を突破した（図１‐３）。

もうひとつの夢は、「アホウドリ」とい

う屈辱的な名前を「オキノタユウ（沖の大夫）」へ改称することだ。山口県長門《ながと》地方で親しまれた古名だ。確かにこの優美な和名こそがふさわしいかもしれない。

20年前に「ついに1000羽を超えました」と弾んだ声で電話があり、そのとき久しぶりに会った。大学は定年になり、髪もひげも白いものが目立つようになった。それでもアホウドリ（あっと、彼と話すときはオキノタユウ）の話になると、目がキラキラ輝いて昔と変わらない表情に戻る。

「鳥島には125回通ったけど、ついに2018年末で鳥島詣《もう》でから引退しました。野生動物の復活はうまくいっても気の遠くなるような時間がかかる。それが私の代でこれほどうまくいったなんて、本当に幸運な人生でした」と語る。

3. 大空を舞うガンの群れ

私の原風景

私にはこんな原風景がある。第二次大戦が終わって数年後、疎開先から焼け野原の東京に戻ってきた。秋のある晴れた日だった。空を見上げると幾重にも編隊を組んだ数十羽のマガンの群れが、澄み切った大空を鳴き交わしながら渡っていった。

「雁《かり》、雁、棹《さお》になれ、さきになれ……」

まさに「里ごころ」（北原白秋《きたはらはくしゅう》作詞、中山晋平《なかやましんぺい》作曲）の一節通りだった。

当時の東京でガンはけっして珍しい鳥ではなく、季節を告げる風物詩だった。秋分の日を過ぎると、10月8日ごろからは季節を表す七十二候の「鴻雁来《こうがんきたる》」（雁がわたってくるころ）へと、季節は進んでいく。

あれ以来、東京の空にガンを見たことはない。だが、この10年ほどガンの編隊飛行を目撃したという話を各地で耳にするようになった。

10月初旬の北海道の石狩《いしかり》平野。中央を流れる石狩川近くに、25ヘクタールほどの小さな宮《みや》島沼《じまぬま》がある。沼を取り巻く木々がやっと色づきはじめた。その林をかすめるようにマガンの編隊のシルエットが浮かび上がった。

数羽から数十羽が、縦一列になり、横一線になり、V字形に変わり、波が寄せるように次々と沼を目指して押し寄せる。上空で突然に編隊は乱れて、木の葉のように水面に舞い降りてきた。ケエーッ、ケエーッとかん高い鳴き声があたり一面にひびく。

シベリアから3000キロもの長旅を終えて、いま到着したのだ。やがて、付近の水田で餌の落ち穂をついばんでいた群れも戻ってきて、沼はガンであふれかえり鳴き声がうるさいほどだ。

こんな小林一茶《こばやしいっさ》の句があった。青森・陸奥《むつ》湾沿岸の外ヶ浜《そとがはま》で詠んだものだ。一茶は雁を詠み込んだ句が448もあるほど雁が好きだった。

「けふからは日本の雁ぞ楽に寝よ」

（長い旅も終わって今日からは日本の雁になった。安心して休むがいい）

宮島沼は、ラムサール条約によって2002年に「国際的に重要な湿地」として登録された。マガン以外にも、オオハクチョウ、ダイサギ、カンムリカイツブリ、ハシビロガモなど多くの種類の水鳥が飛来する。

とくに、マガンは日本最大で最北の渡来地であり、世界的に見ても有数の中継地であることが登録の理由になった。ここで栄養を補給し体力を蓄えて東北や北陸の各地、さらにはアジアの国々へと散っていく。

春の「北帰行」前に沼に集結するマガンの調査を行ってきた「宮島沼水鳥・湿地センター」などによると、1975〜88年度は、おおむね500羽以下にとどまり、秋や春の渡りの季節には沼は閑散としていた。

それが1997年度以後4万羽を超えるようになり、2018年度には最多記録の約8万羽が飛び立っていった。宮島沼で栄養を蓄えた群れは、オホーツク海を越え、カムチャッカ半島を経由してシベリア各地の繁殖地へと戻っていく。

幸せを運ぶ鳥

ガンは古くから中国語の「雁」と表記され、ガンともカリとも読まれてきた。ガン類の総称で特定の鳥を指すものではない。世界で14種が知られ、日本にはマガン、ヒシクイ、シジユウカラガン、コクガンなど9種が記録されている。このうちの9割までがマガンだ。いずれも越冬のため9月から3月まで日本に滞在する。

マガン（写真1-6）は全体に灰色を帯びた暗褐色。マガモとハクチョウの中間ぐらいの大きさだ。額が白いことから中国語では「白額雁《しろびたいがん》」、英語のWhite-fronted gooseも同じ意味だ。

日本人はガンには特別な思いを抱いてきた。秋には飛来するのを待ちかね、春には名残を惜しみながら送り出した。心にしみ入るような鳴き声や見事な雁行は、民話、詩歌、文学、故事などに数多く登場し、屏風絵《びょうぶえ》など絵画の題材にも数多く取り上げられた。『万葉集』にはガンを詠んだ歌が80もある。ホトトギスに次いで多い。『古今和歌集』、『新古今和歌集』でも常連だ。江戸幕府の公式記録『徳川実紀』の将軍の狩猟の記録には、ガンの仲間が467羽も登場してツル類をしのいでもっとも数が多い。

また、ガンは昔から「幸せを運ぶ鳥」として知られていた。中国ではこんな故事がある。前漢の武《ぶ》帝の時代に、蘇武《そぶ》という武将が匈奴《きょうど》の捕虜になり19年という長い間、捕らえられていた。しかし、雁の足に結んだ手紙を武帝のもとに送ったと嘘をついて、交渉の末に救い出された。そこから手紙のことを、雁書、雁信、雁使などと呼ぶようになった。

一方で肉も好まれ、縄文時代の貝塚からも骨が見つかる。奈良・平安朝以来、高級食材と

写真1-6　宮島沼を飛ぶマガン（宮島沼水鳥・湿地センター提供）

し天皇家や貴族ら特権階級に愛されてきた。

　八代将軍徳川吉宗《よしむね》は1734年に、本草学者の丹羽正伯《にわしょうはく》に命じて全国の動植物・鉱物を網羅的に調査して『享保《きょうほう》・元文《げんぶん》諸国産物帳』としてまとめさせた。原本は残されていないが、農業史家の故安田《やすだ》健《けん》によって藩などに残された「控」から内容が復元された。これによって、当時の野生の動植物の全国的な分布を知ることができ、江戸時代がいかに豊かな野生生物に恵まれていたかがわかる。

　復元された資料は日本列島の約40%をカバーし、藩や天領から報告された動植物が絵図とともに克明に記載されている。たとえば、ゴキブリは「あまめ」という名で、薩摩《さつま》藩からの報告にある。オオカミが東北から九州まで各地方にいたこともわかり、絶滅したカワウソも全国で記載されている。そのなかのガンの分布を追っていくと、産物帳が残っていない一部の地域をのぞいてほぼ全国で記載されている。それだけありふれた鳥だった。

受難の時代

明治時代以後、ガンの受難の歴史がはじまった。ガンはそれまでの網猟やワナ猟から銃猟の標的になり、乱獲の犠牲になった。林野庁の野鳥の狩猟統計をみると、1962年までは広島、高知、宮崎の3県を除いて全都道府県で撃たれていた。

1967年以降、西日本を中心に狩猟羽数が急減しはじめた。「日本雁を保護する会」の宮林泰彦《みやばやしやすひこ》編の「ガン類渡来地目録」によると、1940年代には約6万羽が飛来していた。それが1970年の総渡来数は約5000羽にまで落ち込んだ。一茶が詠んだように「けふからは日本の雁ぞ楽に寝よ」というわけにはいかなかった。

また、全国150ヵ所あった渡来地も50ヵ所にまで激減した。湿地面積は51%も縮み、宮城県にいたっては、92%も消えてしまった。

1950年代後半から60年代にかけて、高度経済成長と歩調を合わせるように各地からガンが姿を消していった。湿地や沼地は埋め立てられて工業地帯に変わり、護岸工事、宅地やゴルフ場の造成で越冬地が失われていった。ガンたちは東北地方や日本海側の水田地帯へと追いやられ、しかも狭い場所に押し込められて過密な生活を強いられている。

そのころ、こんな「事件」があった。1973年のことだ。山階鳥類研究所の故山階芳麿所長に呼び出されて、「ソ連科学アカデミー」から届いた一通の手紙を見せられた。

「シベリアから飛び立った渡り鳥のうち、北米や欧州や中東へ行く渡り鳥は、毎年ほとんど同じ数が戻ってくるのに、日本や日本を経由して南へ行った鳥の帰ってくる数は非常に少ないのは、どうしたわけか」という詰問状だった。

「日本に生息する野鳥の4分の3（約400種）は、ソ連、中国、東南アジア、オーストラリア、北米などと行き来する渡り鳥だが、渡り鳥が国際的な存在だということをも誰も真剣には受け止めてくれない」と所長は不満顔だった。

だが、その翌年4月、第72回国会の衆議院外務委員会で、山階所長の訴えを聞いた加藤《かとう》シヅエ議員が、この詰問状を読み上げて環境庁（現・環境省）の担当者に質《ただ》した。国会が真剣に渡り鳥の保護を議論した記念すべき委員会になった。

自然保護団体の運動が実って、1971年にマガン、ヒシクイが狩猟鳥から外され、これにコクガンを加えた3種が天然記念物に指定された。それでもガン類の受難はつづいていた。

宮島沼では、1980年代後半から90年代末にかけて、マガンの大量死がつづき、100羽を超える死体が見つかった。過去に使われた狩猟用の鉛弾が沼周辺に放置され、鳥がそれをのみ込んだために急性の鉛中毒を起こしたのだ。鳥は消化を助けるために小石をのみ込む習性があり、それがあだとなった。農薬による中毒死が疑われる死体も見つかった。

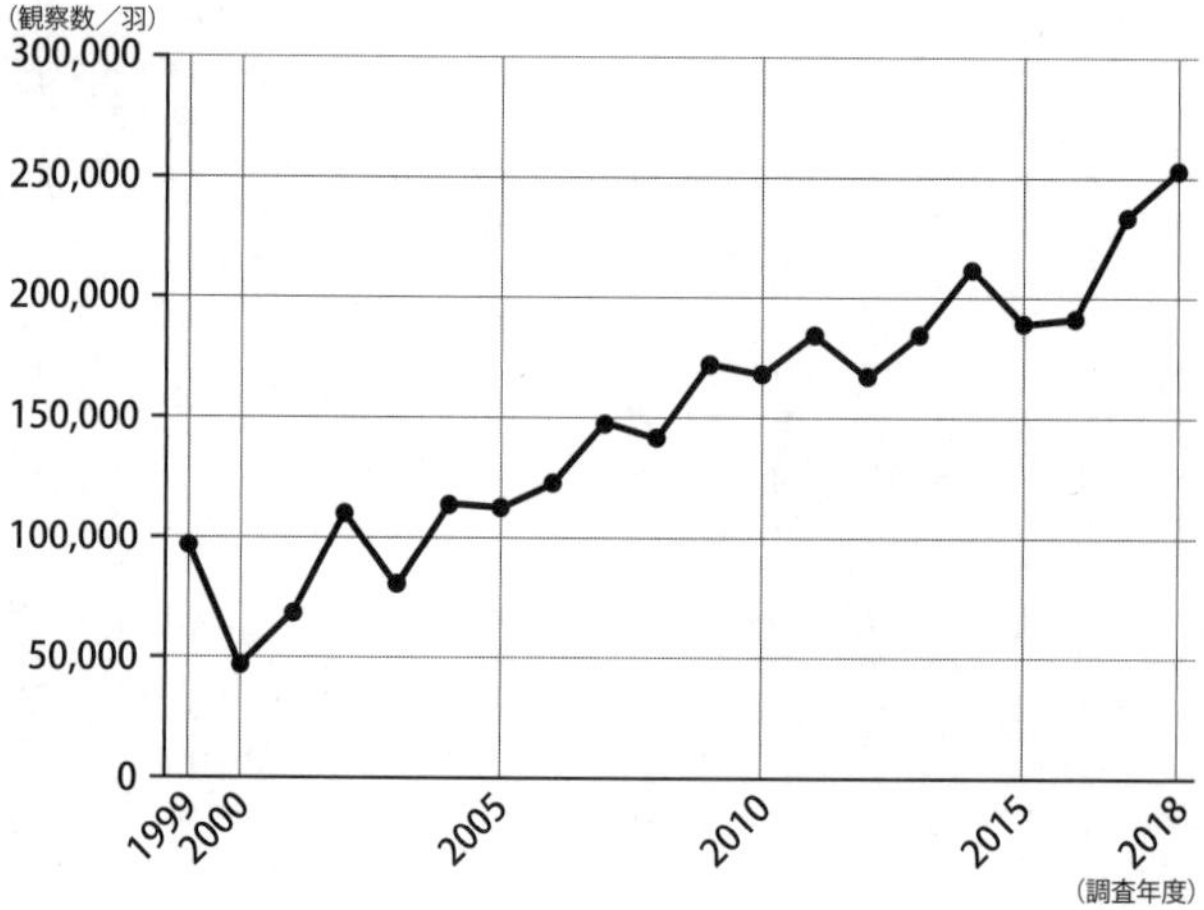

図1-4　ガンの個体数の推移（林野庁、環境省）

ガン類を守れという声が各地から起こりはじめた。生息地の環境を守る市民運動も盛んになってきた。その効果が２００５年ごろから上がってきた。それはガン・カモ類の生息調査からもわかる。当時鳥獣行政を担当していた林野庁は、１９７０年度から調査を開始した。その後環境庁、環境省へと引き継がれた。

　生息調査は毎年１月中旬、全国いっせいに実施される。１９７０年度の調査ではわずか５７９０羽だった。それが、１９９０年度には２万羽に、97年度には５万羽を超え、２００２年度には10万羽に達した。

　２０１８年１月の調査では、全国約９０００地点でボランティアら約４０００人が参加し、ガン類は約25万３０００羽がカウントされた（図1‐4）。減っていた渡来地も、近年では100ヵ所を超えるようになった。

鳥と人の共生

狭い国土に多くの人間がひしめく日本では、人と動物の共存は多くの困難な問題がつきまとう。たとえば、動物は開発で生息地が奪われる被害者である。その一方で、ときには加害者にもなる。ガン類の多くは農地を餌場にしているため、農家からは田畑を荒らす害鳥として目の敵にされることもある。

最大の越冬地である宮城県の伊豆沼《いずぬま》周辺では、人とマガンの共生で先駆的な取り組みがつづけられている。ここは、旧幕時代に伊達《だて》藩の「お留め野」（禁猟区）として保護されていたところから、飛来地として残されていたのだ。

狭い沼にマガンが急増したことで、越冬地の湖沼や湿地ではフンによる水質悪化、さらに周辺の田畑の食害などの問題が顕在化してきた。

伊豆沼周辺には、1972年度の調査で3400羽しか飛来しなかったマガンが、近年では10万羽近くが越冬する。伊豆沼は国指定の鳥獣保護区特別保護地区に指定されたほか、さまざまな保護の網がかぶせられたことが増加の大きな理由だ。

だが、それにつれてマガンによるイネの食害問題が持ち上がった。この一帯の水田では、

9月末から10月中下旬にイネが刈り取られる。コンバインで刈ったものは機械乾燥されるが、自然乾燥の場合は田の畦《あぜ》に竹や木を組んだ「はざ」で、洗濯物のようにつり下げて11月上旬まで天日にさらされる。

ちょうどこのころ渡ってくるマガンは、落ち穂や落ちモミを主食にするが、「はざ」のイネも食べる。農家からの苦情が増えてきた。ガンの保護に対して「人が大事か、鳥が大事か」といった反発もあった。2005年に蕪栗沼《かぶくりぬま》がラムサール条約に登録されるときにも、農家の間から反発の声が上がった。

「日本雁を保護する会」の呉地《くれち》正行《まさゆき》会長らの調査では、マガンの食害の程度は水田から収穫したコメの0・5％程度に過ぎないことがわかった。伊豆沼の一部を含む若柳町《わかやなぎちょう》では、1979年に「若柳町鳥類被害補償条例」を制定して、鳥獣による農業被害を補償する制度を全国に先駆けて実施した。その後、周辺の町でも同様の条例ができた。この制度に農家も納得し、実際に補償額も少額で町の財政への負担は少なかった。

ふゆみずたんぼ

新たな鳥との共生の試みがはじまった。その名は「ふゆみずたんぼ」(写真1‐7)。この聞き慣れない言葉がガンの飛来地で聞かれるようになった。文字通り、冬場にも水田に水を

写真1-7　ふゆみずたんぼ（宮城県大崎市にて。池内俊雄撮影）

張る農法だ。稲刈りが終わった水田は、翌年の田植えまで水を抜いて乾かすのが一般的な米づくりだ。ところが、ガン類は夜間には浅い沼で休み、日中は約10キロ以内の水田で餌を取る。水田がねぐらになることも多く、水を干せばねぐらも餌場も失うことになる。

伊豆沼から約10キロ南にある蕪栗沼で、地元農家の協力を得て１９９８年に「ふゆみずたんぼ」プロジェクトがはじまった。沼の面積は約１５０ヘクタール、伊豆沼とならぶガンやハクチョウの大越冬地として知られる。推進役になったのは、「ＮＰＯ法人・田んぼ」だ。

蕪栗沼周辺は、１９９３年の大冷害で稲作が大きな被害を受けた。村の立て直しのために、ガンと共生する有機農業に賭けた。流出する水路をせき止めて沼の面積を数倍に増やし、周辺の田んぼには冬も水を張った。

沼を掘り下げて遊水池として使う計画もガンの保護のために中止され、農家は交流施設、レストラン、宿泊施設を整備し、さらにボランティアが「生き物教室」「観察会」「体験学習」などを次々に開いて、グリーンツーリズムを目指した。

この努力が実って、1980年代はじめには2000〜3000羽ほどしか飛来しなかったガンが、最近では多い年には8万羽前後もやってくる。鳥類の約200種を含めて、これまでに約1500種の動植物が確認された。

「NPO法人・田んぼ」は2007年の第9回日本水大賞で「ふゆみずたんぼを利用した環境と暮らしの再生プロジェクト」として環境大臣賞を受賞した。

水を張ることによって田んぼには、微生物やイトミミズなどさまざまな生き物が大量に発生して、生態系が豊かになった。しかも、鳥たちはお返しに肥料になるフンを残していく。沼の水を田に引き込むことで水質の浄化にもなった。

農薬や肥料を少なくすることができ、その分2割程度収量が下がったものの安全なお米としての評価が高まった。「ふゆみずたんぼ米」というブランド米として、高い価格で販売され、農家の収入アップにもつながった。鳥の観察や撮影を目あてに多くの観光客が訪ねてくるようになり、米づくりに特化していた純農村が、渡り鳥や観光客でにぎわいをみせる。

その後、このプロジェクトに参加する農家もしだいに増えて、冬季の水張りはガンの群れを回復させるための有力な方法であることが実証された。こうしたガンの保護活動は各地に広がり、渡来地の遊水池を埋め立てから守る活動や越冬地近くを通る道路建設の反対などが展開されている。

北海道の宮島沼でも、周囲の水田で「ふゆみずたんぼ」をはじめた。ここでのブランド米は「えぞの雁米《がんまい》」だ。

鳥の保護と稲作の共存は、国際的にも反響を呼んでいる。アフリカのウガンダで開催されたラムサール条約締約国会議で、2005年に「蕪栗沼・周辺水田」としてラムサール条約湿地に登録された。2008年韓国の昌原《チャンウォン》で開催された第10回ラムサール条約締約国会議、さらに2010年名古屋で開催された第10回生物多様性条約締約国会議でも「水田の生物多様性保護の決議」が採択された。

絶滅から救われたシジュウカラガン

マガンの劇的な復活の陰に隠れているが、もう一種のガンも国際協力で絶滅の淵《ふち》からはい上がった。シジュウカラガンである。マガンに比べて全身が黒味を帯び、両ほおが白くて首の付け根に白い輪がある。海洋の急峻《きゅうしゅん》な島で繁殖する。体長は約67センチ。マガンよりもひとまわり小さい（写真1-8）。

1930年代には、仙台《せんだい》市周辺だけでなく東北や関東の各地に、数百羽単位で越冬のために飛来していた。仙台市付近にはシジュウカラガンの大きな越冬地があったが、1940年代に群れは見られなくなり、宮城県の伊豆沼などでマガンの群れに交じってわずかに渡来してくる珍しい鳥になってしまった。

私は60年近く前の大学生のころ、伊豆沼にシジュウカラガンが来ていると聞いて、日本野鳥の会の仲間と飛んでいったことがある。「日本雁を守る会」の創設者で眼科医の故横田《よこた》義雄《よしお》を訪ねて場所を聞き、丸2日ねばってやっとはるか遠くに2羽をチラッと見ただけだった。突然に見知らぬ学生が訪ねてきても、「ボクは眼《がん》より雁だ」と言いながら歓待してくださった横田先生の柔和な顔を思い出す。

シジュウカラガンは、20世紀のはじめごろまでは日本の東北地方から千島《ちしま》列島、さらにアリューシャン列島にかけて広い範囲で繁殖し、主として北米大陸の間を行き来していた。ところが、米国と日本では20世紀はじめ、毛皮をとる目的で渡来地の島々にアカギツネやホッキョクギツネが持ち込まれたために捕食されて激減した。さらに狩猟が追い打ちをかけた。

写真1-8　編隊して飛ぶシジュウカラガン（宮城県大崎市にて。池内俊雄撮影）

北太平洋では１９３８年以後は１羽も見られなくなり、絶滅危惧《きぐ》種に指定された。越冬地の日本でも１９３５年以降、飛来が確認されなくなった。環境省のレッドデータブック（日本の絶滅のおそれのある野生生物のリスト）の中で、ごく近い将来において絶滅の危険性がきわめて高い種に指定された。

ところが、１９６３年にアリューシャン列島の小島で、米国の研究者が生き残った２００〜３００羽の群れを発見した。その一部を捕獲して米国本土で増殖計画が開始された。この成功で、米国で越冬するものは絶滅の危機を脱した。

日本では１９８３年には「日本雁を保護する会」と「仙台市八木《やぎ》山《やま》動物公園」が、「米国魚類野生生物局」の協力を得てシジュウカラガン復活チームを結成した。横田と呉地が交渉して、米国から9羽のシジュウカラガンを借り受けて人工繁殖がはじまった。

八木山動物公園が繁殖の拠点になった。1989年には崩壊直前のソ連科学アカデミーの研究者も加わり日米露3国の共同事業になった。八木山動物公園では次々とヒナが誕生した。ロシアでも米国から借りた19羽が順調に増えていった。ヒナたちはカムチャッカ半島の科学アカデミーの繁殖センターに集められた。

1995年には千島列島のエカルマ島にヘリコプターで運ばれて、野生に戻された。2010年までに計13回計551羽を放鳥した。この島はかつての繁殖地であり、キツネがいなかったことから選ばれた。

そして、放鳥したシジュウカラガンが、ついに日本に渡ってきた。1997年に4羽、1999年に1羽の計5羽だった。その後、飛来数は急速に増えていった。十勝川《とかちがわ》下流域、秋田県の八郎潟《はちろうがた》、宮城県の伊豆沼、蕪栗沼、化女沼《けじょぬま》などで定期的に飛来するようになった。2012年度の冬には400羽以上の飛来が確認された。

2015年には宮城県内への飛来数が1000羽を超え、さらに2017年には、82年ぶりに仙台市内への飛来が確認された。そして2018年1月には、仙台市内へ77羽の飛来が確認され、日本国内への飛来数は5120羽になった。

シジュウカラガンの個体数は、3国を合わせてほぼ20万羽に達したとみられ、ひとまず絶滅の危機は遠のいた。必ずしも仲のよくない3国の協力によって、シジュウカラガンが地球上から消えずにすんだ。

今後の課題

全国的にマガンは復活をとげた。同時に、大きなジレンマに陥ることにもなった。ガン類の越冬地が超満員になってきたのだ。餌の不足も心配されている。農業被害や環境への負荷が大きくなりすぎ、人と共生していく上でも問題となってきた。

マガンは高度に水田に適応した鳥だ。というか、自然の湿地がほとんど水田に変わってしまったために、水田で餌を取るしかなくなったという方が正しいだろう。1万羽のマガンが落ちモミだけを食べて5ヵ月間越冬するだけで、5000～6000ヘクタールぐらいの水田が必要になるという計算もある。実際には落ち穂以外にも雑草などを食べるが、これを考慮に入れてもかなりの面積が必要なことに変わりはない。

他方で、水田は大きく変化している。人手不足で農薬依存や機械化が進む。農家の高齢化や後継者の不足、都市化によって耕作放棄水田は増えつづけている。地域住民が共同で管理してきた溜め池は減りつづけ、ガンなどの水鳥のすみかを奪っている。

耕作放棄水田を放置すれば、ススキや、ヨシなどの多年草が繁茂し、生態系も大きく変わる。水鳥を保護するためには、放棄水田の適切な維持管理は欠かせない。また、過密化している宮島沼や伊豆沼で鳥インフルエンザのような感染症が流行すれば、大きな被害が出る心配もある。

一部の農家からは、「これだけ増えたのだから、保護はもういいじゃないか」といった声も聞こえてくる。成功したガン類の回復に新たな壁が立ちふさがっている。

4. 野生に戻ったトキ

最後の一羽

佐渡《さど》トキ保護センターにトキの「キン」を訪ねたのは、2003年の春のことだ（写真1-9）。国内で最後の1羽となった「キン」は、2・5メートル四方ほどのケージのなかで、両目が見えず弱りきってマットの上でうずくまっていた。

その年の10月10日の朝に死亡したことを、ニュースで知った。アルミサッシの高さ1メートルほどのところに激突して頭を打ったのが死因だった。最後の力をふりしぼって、もう一度大空を飛びたかったのだろうか。36歳。人間でいえば100歳を超える大往生だった。

幸運なことにキンの死はトキの絶滅にはならなかった。中国で同種のトキが再発見され、日本でその人工繁殖に成功したからだ。

「佐渡では人工繁殖したトキの放鳥がつづけられて、順調に数が増えている」と、しばしば新聞やテレビのニュースを賑《にぎ》わせていた。いつか行きたいと思いつつ、佐渡島《さどがしま》を再訪したの

写真1-9　日本最後のトキのキン（佐渡トキ保護センターにて。環境省提供）

はキンに会って以来、十数年ぶりになった。

佐渡島の形はアルファベットの「Z」に似ていて、南と北に並行してそびえる1000メートル級の山地と、その間にはさまれた国中《くになか》平野からなる。この平野部の水田地帯がトキの餌場だ。来島する前に、「野生のトキが見られますか」と「佐渡とき保護会」の土屋《つちや》正起《まさおき》副会長（日本野鳥の会佐渡支部長）に電話でたずねたら「そこいらにいくらでもいるよ」という返事。半信半疑で向かった。

土屋の案内で、国中平野を見晴らす高台に出た。眼下の田んぼには白い点々が五つ見える。「あれが餌を取っているトキです」という。あまりにあっけない出会いだった。あっちに2羽、こっちに3羽……水田地帯を1時間ほど車で回っただけで20羽ものトキを目撃した。夕方ホテ

写真1-10　巣材を運ぶトキ（佐渡市真野にて。土屋正起撮影）

ルの部屋から眺めていると、次々にトキが目の前のねぐらの林に入っていく（写真1－10）。

この当たり前になった風景は、島の人びとの並々ならぬトキにかける愛情に支えられている。トキが島のどこにいて何をしているか、目撃した人が随時「保護会」に連絡する。島外ナンバーの車がカメラでトキを追いかけると、すぐに誰かが飛んできて注意する。島の人は「無関心の関心」とか「見守り」という言葉をよく使う。

「純野生」の巣立ち

２０１６年６月１日、自然界で生まれ育った両親同士から生まれたヒナが、ついに巣立った。待ちに待った「純野生」のトキの誕生だった。つまり、放鳥トキから数えて三世代目である。数日前から待ち構えていた環境省のレンジャーやボランティアらは歓声に包まれた。2019年にも2羽が確認され、4年連続の「純野生」誕生になった。

「純野生」のヒナの巣立ちは、絶滅前の1974年以来、42年ぶりのことになる。放鳥されたトキには標識の足環がつけられているが、「純野生」は足環のないトキだ。今後とも「足環なし」のトキがぞくぞくと誕生していきそうだ。

人の手によらずに世代交代が進むことは、野生復帰の究極的な目標だ。真の野生復帰に向けて大きな、節目を迎えたことになる。環境省は、絶滅の恐れがある野生生物をまとめたレッドリストの改訂版を発表し、トキの危険度ランクを見直してひとつ下げた。ひと安心である。

環境省佐渡自然保護官事務所に貼り出された「野生下トキの総個体数」を改めて思い起こした。2008年から19年まで20回にわたって放鳥し、推定個体数347羽だった（佐渡島内の346羽と本州に移住した1羽）。これは放鳥したトキと、放鳥後野生下で生まれたトキの個体数を合わせたものだ。野生下で誕生して生存しているトキは、推定で178羽になった（図1‐5）。このうち、「足環なし」の野生生まれは84羽だ。

ここまで回復したのは、地元の農家の思いやりがあった。刈り取りの終わった田んぼはトラクターの幾筋もの溝が掘られ、そこに溜まった水に餌になる生き物が集まってくる。巣を

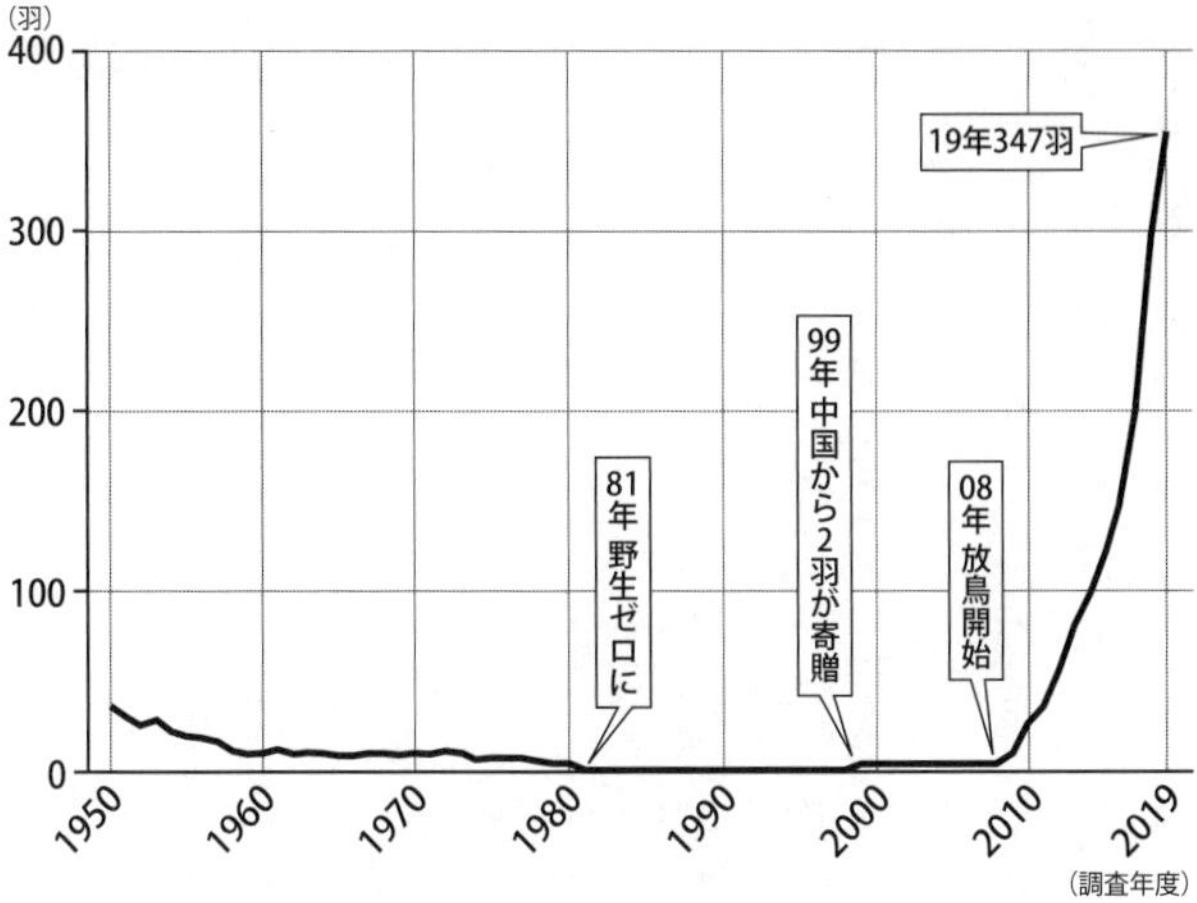

図1-5　トキの個体数の推移。2019年の観察数は７月時点（環境省）

つくりやすいように樹木を残し、トキの生息環境を整備していった。「水田に農薬や肥料を極力散布しない」「巣に近づかない」「追い回さない」などのルールを決めた。

土屋は「トキがいない佐渡なんて誰も関心がないでしょう。私たちはトキを助けたけれど今ではトキに助けられている」と語る。共生への取り組みが評価され２０１１年に国連食糧農業機関（ＦＡＯ）の「世界農業遺産」に国内ではじめて登録された。

日本人との関わり

トキは日本の歴史や文化のなかに深く根を下ろしている。トキのもっとも古い記録は、奈良時代の７２０年に成立した『日本書紀』まで遡《さかのぼ》る。そのなかの３ヵ所に「桃花鳥」として天皇の陵（墓所）の地名に登場する。当時は、トキの羽色を桃の花にたとえてこう呼ばれていた。

平安時代の927年に成立した儀式書『延喜式《えんぎしき》』には、伊勢《いせ》神宮の宝刀である「須賀利御太刀《すがりのおんたち》」の説明がある。「柄《え》は鴇《つき》（トキの古称）の羽を以《もっ》て纏《ま》け」とあり、トキの尾羽2枚を太刀の柄の部分に深紅色の組みひもで巻き付ける。

20年ごとに社殿を造り替える式年遷宮《しきねんせんぐう》は、持統《じとう》天皇治世の690年にはじまり、戦国時代の中断をはさんで2013年の第62回式年遷宮まで、約1300年にわたって継承されてきた。このとき、社殿だけでなく納められた宝物や装束714種も同時に新調するのが慣わしだ。

1993年の第61回式年遷宮のとき難問が持ち上がった。宝刀を新調したのはいいが、柄に巻きつけるトキの羽がない。この年、トキは絶滅の危機にある「希少野生動植物」に指定されていた。たまたまトキの羽を所蔵していた人から譲り受けてしのいだ。その後は心配がなくなった。

江戸時代になると、さまざまな記録にトキが登場する。加賀《かが》藩（現・石川県）には、1639年に近江《おうみ》（現・滋賀県）から100羽のトキを取り寄せて小矢部川《おやべがわ》流域に放した、という記録がある。目的は矢羽根の材料の確保だった。朱鷺色の矢羽根は人気があったようだ。能登《のと》半島には、佐渡島とともに最後までトキが生息していたのは、このとき放鳥した子孫ではないかという説がある。

徳川将軍の記録『徳川実紀』には、歴代将軍の狩りの模様が詳しく述べられている。そのなかに八代将軍吉宗が鷹狩りでトキを捕まえた記録が2回出てくる。場所は東葛西（現・東京都江戸川区）の中川《なかがわ》のほとりで、江戸にも生息していたのだ。

八戸《はちのへ》藩（現・青森県東部）の「八戸藩日記」をみると、トキはかなりの厄介物だったようだ。1737年6月14日の項には、「トキがあちこちで田んぼを荒らして困っているという訴えが、代官所からあった」とある。そこで藩は代官に対して、被害のあった三つの村に「トキ以外の鳥はいっさい撃たないよう」という条件つきで三丁の鉄砲を貸すことを許した。

東北地方や新潟県などの各地に伝わる「鳥追い歌」には、トキへの恨みがこもる。稲の苗を踏み生育を妨げる「苗踏み」と呼ばれる被害を出してきたからだ。新潟県小千谷《おぢや》市には「鳥追い歌」が伝わる。こんな歌詞だ。

「おらがいっちにくいとりは／ドウとサンギとコスズメ／おって給え　田の神」

（私が一番憎い鳥は、トキ〈ドウ〉とサギ〈サンギ〉とスズメ〈コスズメ〉だ。田の神さま、追っ払ってください）

関東以東にはごく普通の鳥だった。『諸国産物帳』（第一章3）には、北海道、東北、関東、東海道の一部、信越、北陸、近畿《きんき》地方の北部、中国地方の対馬《つしま》などでの生息が報告されている。

ドイツ人のシーボルトは、1823年にオランダ東インド会社の商館付医師として来日した。博物学にも関心の高かったシーボルトは、日本の動植物を熱心に収集し、膨大な標本をオランダに送って欧州に紹介した。

そのコレクションに、2体のトキのはく製がある。シーボルトがオランダへ送った標本をもとに、ライデン自然史博物館の初代館長だったC・J・テミンクらが学名をつけ、最終的に1871年にトキの学名が Nipponia nippon と決まった。1922年に、日本鳥学会はこの学名を採用し、トキは名実ともに日本を代表する鳥となった。

明治に入って日本で肉食の習慣が広まり、人口の急増とともに開発が進んで生息地が破壊された。政府の殖産政策の支援もあって輸出用の羽毛（ダウン）の需要が急増したため、トキも乱獲されるようになった（第一章2）。

追い詰めた銃と農薬

トキの殺戮に拍車をかけたのは、村田《むらた》銃の普及である。江戸時代には、武士や猟師など一部しか所持できなかった銃が、明治以後は許可制で庶民も持てるようになった。このため狩猟がブームになり、1895年には狩猟人口は20万人を超えた。現在の狩猟免許所持者の数と変わらない。彼らがトキやコウノトリの運命を大きく変えた。

1860年代後半から生息数が激減して、1910年代に入ると目撃情報がほとんどなくなった。1926年の県の報告書「新潟県天産誌」には、「濫獲《らんかく》ノ為メ、ダイサギ等ト共ニ其跡ヲ絶テリ」と、トキの絶滅を伝えている。

だが、佐渡の山中でひっそりと生きていた。1930年に佐渡の両津《りょうつ》市（現・佐渡市）で開かれた新聞社主催の会合の席上、新穂《にいぼ》村《むら》（現・佐渡市）の後藤四三九《よさく》が「奥山にはまだトキが生きているのをこの目で見た」と証言した。

この目撃談が新聞に載り、鳥類学者や政府の役人らが駆けつけてきた。大々的に調査が行われた結果トキが見つかり、1933年には新穂村で営巣も確認された。再発見のころは60〜100羽ほど生息していたといわれる。

その翌年には天然記念物に指定され、その後1952年には特別天然記念物に格上げされた。世界的にも希少な種であるとして、1960年に国際保護鳥に指定された。

第二次世界大戦の開戦とともにトキは顧みられなくなった。戦中・戦後にかけて、佐渡でも深刻なエネルギー不足のために、薪炭用に大量の木が山から伐り出された。トキの生息環境も大きく変わっていた。

第二次世界大戦後になると、農薬散布にともなって、ドジョウやカエルなどのトキの餌となる水生動物が姿を消した。1950年前後からはDDTやBHCなどの有機塩素系農薬が、1960年半ばからは有機水銀系、有機リン系の殺虫剤が佐渡でも広く使われた。1960年代中ごろに死亡した2羽のトキの体内から、有機水銀や有機塩素が検出された。

アホウドリの長谷川博がそうだったように、絶滅寸前にまで追い詰められた鳥や動物の保護には、必ずといってよいほど救世主が現れる。佐渡島のトキでは、高野《たかの》高治《たかじ》がその人だ。1997年に84歳で亡くなるまでトキの保護を訴えつづけた。高野が農業を営んでいた旧新穂村・生椿《はえつばき》地区は島の南東にあり、麓《ふもと》から歩くと2時間はかかる山奥だ。現在では住む人はいなくなった。

自宅近くの棚田で27羽のトキを見たのは戦時中の1941年秋のことだった。中国から復員して村へ戻った高野は、棚田3枚の耕作をやめてドジョウやサワガニ、タニシなどが育つ餌場に変えた。毎日のように餌を取りにくるトキをかわいがっていた。

食糧事情も厳しいころで、まわりからは「頭がおかしいんじゃないか」と怪訝《けげん》な顔をされたこともあったという。

新聞のインタビューにこんなふうに語っている。

「自宅の前の棚田によくトキがエサ取りにきていた。田んぼで腹ごしらえして一斉に飛び立つとき、トキ色のつばさが杉林の緑に映えて、ボタンの花が飛んでいくようじゃった」

数が減っているのは、山が丸坊主になったため冬に餌場となる沢が雪で埋まって、餌が取れなくなったためと考えた。見かねた高野はサワガニやカエルを集めて水田に放した。やがて、餌を持ち寄ってくれる人も増えてきた。１９５０年から75年ごろまでの25年間、10～20羽が維持されたのは、地域の人びとのおかげだ。

１９６５年から、佐渡で保護された2羽の幼鳥の人工飼育が試みられた。だが、翌年に１羽が死に、解剖の結果体内から農薬が検出された。このため、１９６７年に佐渡の清水平《しみずだいら》に安全な餌を供給できる「佐渡トキ保護センター」が建設された。

「佐渡トキ保護センター」ができた１９６７年には、トキは12羽まで減っていた。トキの生態に詳しかった高野は、センターに保護されたトキの飼育係に任命された。生椿から餌となるドジョウを毎日背負って運んだ。

一方、１９２０年代には島根県の隠岐《おき》諸島にも、多数のトキが生息していた。ここでも、狩猟や開発によって追い詰められ１９５０年を最後に生存の情報は途絶えた。

もうひとつの生息地の能登半島では、1929年に眉丈山《びじょうざん》でトキの生存が確認された。その10年後には17～18羽の群れが見つかった。しかし1964年には「能里《のり》」と名づけられた1羽になり、70年に捕獲して佐渡トキ保護センターに移された。この時点でトキは飼育が1羽、野生が10羽にまで減っていた。

なぜ、トキは佐渡島に生き残ったのだろうか。棚田が残されていて冬もわき水のたまり場があり、そこで餌を取れたためといわれる。比較的早い段階で保護の気運が高まったことも、10羽前後が生きつづけられた理由と考えられる。

東アジアには広く分布

トキの仲間は全世界に25種が生息する。このうちトキを含めて6種が絶滅危惧種に指定されている。トキの全長は70～80センチ、翼を広げると130～160センチ、くちばしは15～18センチある。オスは体重1・8～2キロ。メスはひとまわり小さい。顔は皮膚が露出して赤い。

通常は数羽から十数羽の群れで行動する。直径60センチほどの巣をつくり、4月上旬に3～4個の卵を産む。繁殖期のトキは非常に神経質で、巣に人間や天敵が近づくとすぐに営巣を放棄してしまう。

「朱鷺《とき》色」という言葉は死語になったが、少し黄色みがかかった淡くやさしい桃色のことだ。羽の色は非繁殖期には大部分が白色だが、風切り羽と尾羽は朱鷺色を帯びる。繁殖期の前の1月下旬ごろから顔の周辺の首の皮膚が黒色に変わり、そこからはがれ落ちる黒い粉状の物質を体にこすりつけて、頭部や背面が灰黒色に変わる。鳥類のなかでトキだけに見られる珍しい変色方法だ。鳴き声は「ターア」「グァー」「カッ、カッ」などカラスに似た濁った声で、群れて鳴くとうるさがられたようだ。

トキは東アジアに広く分布していた。中国前漢時代の歴史家、司馬遷《しばせん》の『史記』によれば、秦《しん》の始皇帝は庭園にトキを飼っていたという。北は吉林《きつりん》省、南は福建《ふっけん》省、西は甘粛《かんしゅく》省まで、広い範囲に生息していたが20世紀前半に激減し、１９６４年に甘粛省で目撃されたのを最後に消息を絶った。

ロシアでは、アムール川やウスリー川流域、ウラジオストク周辺などで見られた。19世紀後半から減少しはじめ、１９４９年にハバロフスク、60年代初期にはウラジオストク周辺で姿を消し、１９８１年にウスリー川で目撃されたのを最後に姿を見せなくなった。

朝鮮半島にもかつては多数のトキが生息し、20世紀初頭には数千羽を超える大群が観察されたといわれる。１９７８年に非武装地帯（ＤＭＺ）で4羽のトキが発見され、捕獲して佐渡の保護センターに移す計画が進められたが、実現しないまま翌年には姿を消した。台湾でも20世紀半ばまでは目撃の記録がある。

トキの不幸は、里山の樹上に巣をかけて、餌を近くの水田や湿地の水、泥の中の両生類、甲殻類、魚類、昆虫などに依存していたことだ。こうした環境は人間活動の影響を受けやすい。19世紀半ば以降、アジア各地でも開発によって湿地が消失し、さらに森林伐採、水田での農薬散布、狩猟などによってトキの生息環境が破壊され、生息数は急減していった。

中国で7羽発見

1970年代後半、トキの保護は国際問題になった。日本だけで生息が確認されているトキが、このままでは地球上から消え去るのではないか。危機感が世界の鳥類保護の関係者の間で高まった。

国際鳥類保護会議（現・バードライフ・インターナショナル）のディロン・レプリー会長は、1979年に当時の大平正芳《おおひらまさよし》首相に手紙を送り、そのなかで「できるだけ早くトキの成鳥を捕獲し、人工飼育のもとで増殖を図るべきだ」と提案した。

さらに、国際自然保護連合（IUCN）からも、環境庁あてに同様の手紙が送られてきた。捕獲するか、自然状態で保護するかの激しい議論の末、環境庁は人工飼育に踏み切った。1981年には佐渡に残された野生のトキ5羽（オス1羽、メス4羽）すべてが捕獲され、センターで人工飼育されることになった。ついに野生のトキは絶滅した。捕獲したものの、センターでは次々と死んでいき、ついにこの節の冒頭で紹介したキンだけになった。

1981年6月29日、中国の国営通信「新華社」から、暗い空気を吹き払うようなニュースが送られてきた。「陝西《せんせい》省洋《よう》県の山中で幼鳥を含む7羽のトキが見つかった」。中国科学院動物研究所が「絶滅」の確認のために調査を行っていたところ、5月23日に野生のトキを発見したという記事だ。7羽は2組のペアに3羽のヒナだった。彼らがトキの絶滅を間一髪防ぐ重責を果たした。

その7羽を捕獲して、1989年、北京動物園が世界ではじめての人工繁殖に成功した。その後は陝西省の3ヵ所、河南《かなん》省、浙江《せっこう》省の各1ヵ所の計5ヵ所にも飼育研究センターが設けられ、順調に繁殖して数は回復していった。

この陰には中国政府の努力もあった。陝西省洋県のトキ自然保護区は3万8000ヘクタールもある広大なものだ。2005年には「国家級自然保護区」へ昇格した。日本の「特別天然記念物」にあたる。洋県政府はあいついで保護の法令を公布した。自然保護区内では、化学肥料と農薬の使用、鉱山での爆破作業を禁止した。トキを驚かさないように、新年の爆竹の使用も禁じた。

この一帯のトキの生息域内は貧しい地域で、さまざまな制限は農民の負担にもなった。そ

写真1-11　中国から日本に贈られた友友と洋洋（環境省提供）

こで、保護政策で損害を受ける農民には、支援や税負担軽減の措置がとられ、また保護区で働く職員を地元住民から採用するなどの優遇制度も設けられた。

中国の国家主席の江《こう》沢《たく》民《みん》（当時）は1998年に来日して天皇陛下に謁見したとき、日中友好の証《あかし》として中国産トキのつがいを陛下に贈呈することを表明した。翌1999年1月にオスの「友友《ヨウヨウ》」とメスの「洋洋《ヤンヤン》」が新潟空港に到着した（写真1‐11）。2羽は佐渡トキ保護センターで飼育され、人工繁殖が試みられた。この時点でキンは生きていたが、高齢のため繁殖はできなかった。

1999年5月には最初のヒナが誕生し、公募で「優優《ユウユウ》」と名づけられた。これが佐渡トキ保護センターではじめての誕生になった。大ニュースになり、地方自治法施行60周年の1000円記念銀貨のデザインにもなった。

2000年には優優のお相手として、中国からさらにメスの「美美《メイメイ》」を借りた。「友友と洋洋」「優優と美美」は、パイオニアの役割を果たした。この二つのペアをもとに多くの子孫が誕生、2007年には100羽に達した。

2007年から野生に復帰させるための訓練をする「順化ケージ」での飼育がはじまった。2008年9月25日、佐渡市小佐渡《こさど》山地で足環をつけられた最初の10羽が放たれた。自然界でつがいができ、巣づくりして産卵まで進んだが、無精卵だったり天敵のカラスに襲われたりして子づくりは成功しなかった。

しかし、2012年に放鳥されたつがいから次々にヒナが生まれて、3組のペアから合計8羽のヒナが巣立った。10年3月には順化ケージにテンが忍び込んで、10羽中9羽が殺され1羽がケガをする事件もあった。

放鳥後に数羽が佐渡島を離れて、本州の長野、富山、石川、福井、山形、秋田、宮城、福島の各県にも飛来した（図1－6）。いずれは、以前のように全国各地でみられる日がくるかもしれない。

一方、中国でも2012年には営巣総数が183巣、巣立ち個体数が276羽になり、野

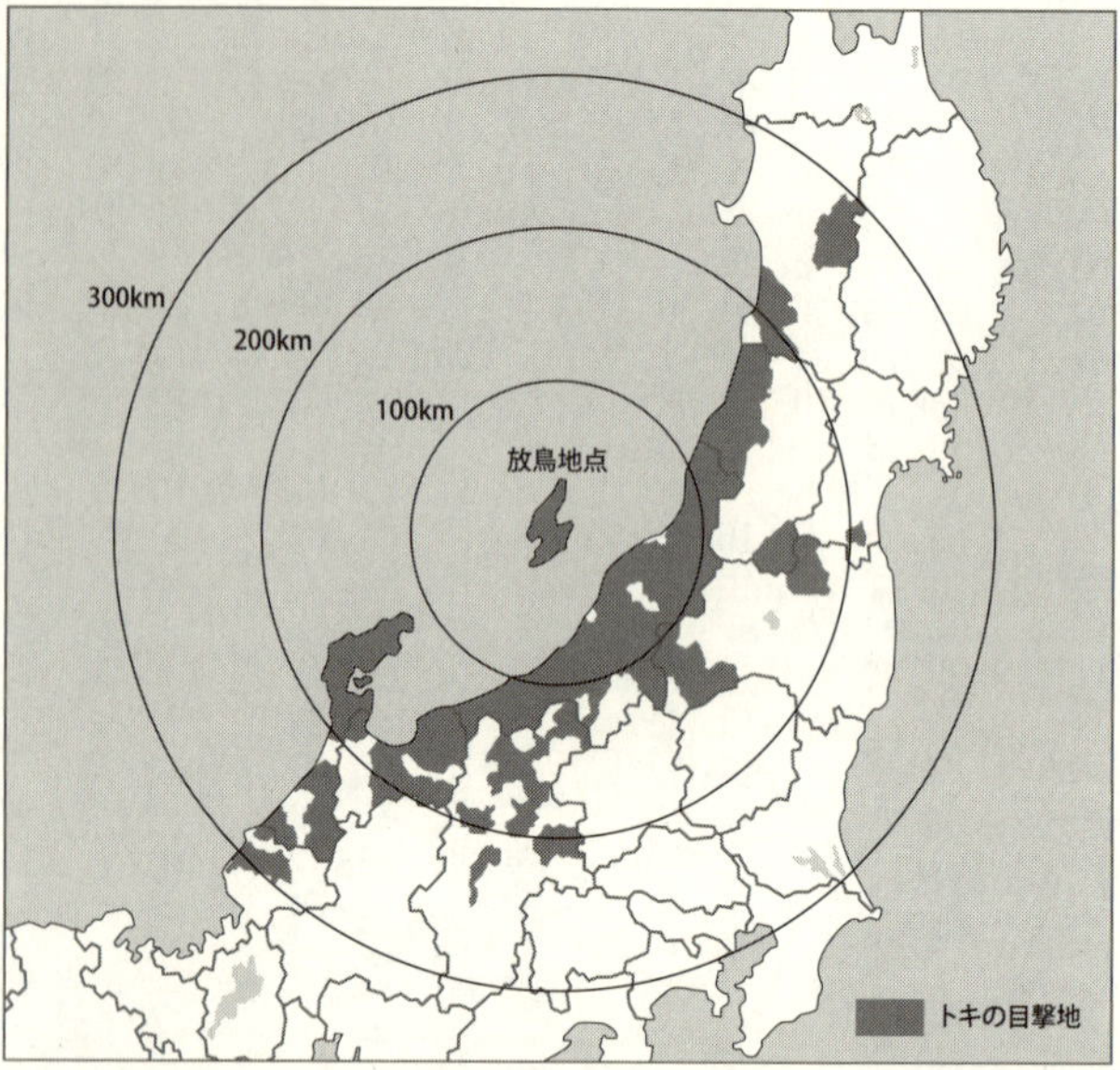

図1-6　本州におけるトキの飛来記録（2008～2019年4月）（環境省佐渡自然保護官事務所「放鳥トキ情報」より）

生の総数は1044羽、飼育下にあるのは665羽に達した。野生に帰したトキの生息数は900羽に達し、同県を中心とした野生のトキの自然分布地域は3000平方キロの地域に及ぶ。これまでに日本や韓国やロシアなどに100羽近くが贈られた。

中国と日本のトキは、遺伝的に同種であることが確かめられた。かつて、トキの一部は日本と大陸間を渡っていたとする説が、証明されることにもなった。

今では人工繁殖と自然繁殖を含めて中国のトキは2000羽を超え、その半数は野生化している。

放鳥したものやその子孫は、すでに陝西省各地の1万5000平方キロに広がっているという。

　中国は日本以外にも韓国にトキを贈り、パンダとともに動物外交の一翼を担っている。2008年10月に中国の胡錦濤《こきんとう》国家主席は韓国にトキの1ペアを寄贈した。チャーター機で慶尚南道《キョンサンナムド》昌寧《チャンニョン》郡の「牛浦《ウポ》トキ復元センター」に運ばれた。翌年には4羽のヒナが孵化し、2016年は52羽まで増えた。人工繁殖が順調に進めば、2017年には一部を自然に帰す予定だ。

　ロシアでも1999年に中国から譲り受けたつがいから順調に増殖が進んでいて、2007年には約100羽になった。中国では、残っていた野生のトキの保護と人工増殖による個体数の回復が進み、2012年には1600羽以上になった。

　中国で再発見された7羽をもとにして、中国、日本、韓国、ロシアでも着実に第二の故郷をつくっていった。

第二章

きれいになった水と大気

1．数字でみる環境改善

宮本憲一《みやもとけんいち》は、公害・環境問題の歴史を次のように五期に時代区分した。

●第一期　１９５４～63年

公害問題の爆発的発生の時期。四大公害の表面化による公害認識の広がり。

●第二期　１９６４～70年

公害問題が全国的に問題化し、自然環境の保全や生活環境への意識が高まる。公害対策基本法（１９６７年）が成立。１９７０年にはじめて環境権が提唱される。

●第三期　１９７１～78年

公害・環境法の基本が成立。廃棄物の被害が深刻化。入浜権・親水権・景観権などの主張が高まる。

●第四期　１９７９～88年

日本の環境政策の後退の時期で、二酸化窒素[*]の環境基準[**]の緩和、環境アセスメント法制化は失敗した。産業界からは「公害は終わった」とする意見も出た。

●第五期　1989～現在（2000年）

環境問題の国際化。人間活動が地球規模の環境容量を超えるようになり、地球温暖化や環境化学物質汚染の問題など広域でかつ不可逆的な被害が深刻化した。地球温暖化や廃棄物の問題のように被害者と加害者が不特定多数になり、産業活動だけでなく消費行動による環境問題が重要になった。

（＊）二酸化窒素と窒素酸化物（NO_x）　高温でものが燃えるときに発生する窒素の酸化物の総称。大気中ではNO、NO_2、N_2O、N_2O_3などが存在する。一酸化窒素（NO）と二酸化窒素（NO_2）をまとめてNO_xという場合もある。自動車排ガスは発生直後に一酸化窒素（NO）で存在するが、大部分は大気中で酸化され二酸化窒素に変わる。とくに毒性の高い二酸化窒素（NO_2）は、環境基準が定められている。

（＊＊）環境基準　公害対策基本法により、汚染物質や騒音から人の健康を守り、生活環境を良好に保つために必要な環境の条件を基準化したもの。政府が閣議により決定して公布するが、基準自体は行政上の到達目標であって法的拘束力はない。対象は大気汚染、水質汚濁、土壌汚染、騒音の4種類で計22項目。

東京五輪ごろから目立った大気汚染

1960年代はじめ、日本はオリンピックの開催を前に国全体が活気づき、東京でも首都高速道路や高層ビルなどの建設ラッシュで、しばらく東京を離れていると、町並みは大きく変わっていて地下鉄の駅で出口がわからないことがしばしばあった。

身のまわりの環境が悪くなったのに気づいたのは、1964年の東京オリンピックごろだった、という人が私の周辺では多い。

私自身、家の近くの東京・豊《と》島《しま》区の雑司《ぞうし》ヶ谷《がや》霊園を歩き回っていて、墓石に張りついていた地衣《ちい》類（コケに似た植物）がいつの間にか姿を消し、庭の朝顔の花に白い斑点が無数に現れる異変を知ったころだ。あとでわかったのは、地衣類は大気汚染に敏感で環境指標にも使われ、朝顔の斑点は酸性雨に含まれる光化学オキシダントによって色素が酸化されたためだった。

1967年に公害対策を総合的、統一的に行うために定めた「公害対策基本法」では、目標とすべき環境の状況を環境基準として定め、その水準を達成することを目標として規制その他の措置を講ずることが定められた。

環境関連の最初の白書である「昭和44年版[*]公害白書」（1969年）には、日本が経済の成長発展に伴って産業が急速に発展し、広域的な大気汚染が問題化してきた模様を、こう解説している。

「1950年代にはいり高度成長による産業の大規模化、高度化が進行するとともに、エネルギー源の石炭から石油への転換に伴い、石油燃料の燃焼による排気ガスに含まれる二酸化硫黄《いおう》による汚染が注目されるようになった」

とくに、「国土総合開発法」に基づく「全国総合開発計画」（1962年）を背景にして、大規模な地域開発が急速に進められた。「新産業都市」「工業整備特別地域」など工業が集中する地域では、二酸化硫黄、窒素酸化物、浮遊粉塵《ふんじん》、一酸化炭素などの濃度が急激に増加してきた。それとともに、深刻な公害が全国的に被害を広げていった。各地で大気汚染に苦しむ住民の苦情や訴訟が相次いだ。

たとえば、大阪府大阪市、神奈川県横浜市、神奈川県川崎市、兵庫県尼崎市、岡山県倉敷市などの工業地帯とその周辺地域では、喘息《ぜんそく》などの呼吸器疾患の患者が急増し、社会不安や政治不信がみなぎっていた。

医療機関の発行した診療報酬明細書（レセプト）をもとに計算すると、1961～67年の7年間に、大気汚染地区では気管支喘息患者が6・5倍にもなったことがわかる。

（＊）公害白書・環境白書　環境省が毎年発行する白書で、前年度の自然環境状況に関する報告と、本年度に目指す環境保全に関する施策の二部構成になっている。1969〜71年に関係各省庁が執筆、総理府および厚生省がとりまとめて「公害白書」の名で発行、1972年から「環境白書」へ名を変えた。2001年以降は環境省が発行している。

大気汚染の基準をめぐる戦い

1960年ごろから大規模な石油コンビナートの操業がはじまり、石油化学は全工業生産額の4分の1を占めるほど活況を呈していた。操業開始の翌年には、早くも喘息の症状を訴える住民が現れはじめ、1963〜64年ごろにはピークに達した。

自動車の普及に伴って自動車排ガスは都心部で深刻な大気汚染問題を起こしはじめた。排ガスには一酸化炭素、窒素酸化物、炭化水素、アルデヒドなどが含まれ、交通量の多い交差点の周辺では、頭痛、目の刺激、吐き気などの健康障害を引き起こした。

「昭和44年版公害白書」には、自動車から大気中に放出される炭化水素と各種の燃焼に伴って生ずる窒素酸化物とが、太陽光線を受けて複雑な光化学的反応を起こしてオキシダントを生じ、これらが目の刺激や植物の被害を引き起こす「光化学スモッグ」を発生させたという解説がある。

「昭和47年版環境白書」(1972年)には、二酸化硫黄の環境基準をクリアできない都市は、

40もあり、とくに京浜《けいひん》地域、静岡県富士《ふじ》地域、名古屋南部地域、兵庫県尼崎地域に集中している と書かれている。

１９７３年に強化された新しい二酸化硫黄に対する環境基準について、達成率は一般大気測定局（以下、測定局）全体の46％で半数に満たなかった。東京、横浜、川崎などでは冬期に連日のようにスモッグ警報が出された。

その後、環境基準達成率は全国的に年々向上し、１９７８年度に93・８％、82年度には99・４％に上がってほぼ解決した。その理由は、第一に原油の低硫黄化にある。低硫黄原油の輸入を増やした結果、原油の平均硫黄含有率は、１９６５年度の２・04％から69年度には１・68％まで引き下げられた。

第二は、重油から硫黄分を取り除く脱硫である。脱硫処理された重油の流通は１９６７年度３・３％だったのが、75年度以降は60％台に上がった。このほか、企業の自主努力として、硫黄分を含まないＬＮＧ（液化天然ガス）の導入や都市ガスによる地域冷暖房が行われた。

排煙脱硫装置については、１９７０年から実用装置が稼働をはじめ、その後、設置基数や処理能力が着実に増加していった。

一方、窒素酸化物汚染も、自動車の急増とともに年々悪化していた。１９７３年に大気中の二酸化窒素濃度を「一日平均値０・02ppm以下」とする環境基準が設けられた。だが、この年に測定された二酸化窒素濃度は、228測定局のうち、環境基準に適合した測定局は札幌《さっぽろ》測定局など4局にすぎず、大都市においては、環境基準値の3〜4倍の汚染濃度を示してきわめて深刻な状況だった。

鉄鋼業界をはじめ産業界は、「基準値が厳しすぎる」「基準の根拠があいまい」として反発した。本音は、公害対策の費用の削減を狙ったとみられる。経団連は欧米から専門家を呼んでシンポジウムを開催、「不必要に厳しい基準」という意見をとりまとめて環境庁に圧力をかけた。

一方で、大阪市や川崎市の大気汚染公害病患者団体は、従来の基準を要求して環境庁に乗り込み、業界は通産省の後押しがあって激しい対立になった。その結果、「一時間値の一日平均値が0・04ppmから0・06ppmのゾーン内又はそれ以下」ということで決着した。これは、実質で3・5倍の大幅緩和になった。

大気汚染の沈静化

第四期の時代区分(1979〜88年)に入って、環境政策の進展、企業の公害防止技術の導入、省資源・省エネルギーなどが相まって、産業公害は沈静化してきた。「昭和55年版環境白書」(1980年)が発表されたころから、測定値が好転して大気汚染が改善されてきたことがわかる。二酸化窒素、浮遊粒子状物質、二酸化硫黄、一酸化炭素は、さまざまな規制や取り組みにより、ほとんどすべての測定局で環境基準を達成した。

二酸化硫黄に関しては、１９８３年に環境基準を１００％達成した。二酸化窒素の環境基準の達成率はかなり遅れて、１９９６年に一般環境大気測定局[*]（一般局）で96％を超えたが、道路周辺に設置された自動車排出ガス測定局[**]（自排局）の達成率は、64・６％にとどまっていた。だが、一般局では２００５年には99％を超えて、２００４年にはついに１００％を達成した（図２-１）。

達成の背景には、世界でもっとも密度が高いといわれる大気汚染の測定網があった。国内に大気の測定局数は全国で１８７２局あり、内訳は一般局が１４６３局、自排局が４０９局（国設局を含む）となっている。大気汚染状況を24時間測定し、各都道府県は測定局で測定されたモニタリングのデータを解析して大気汚染対策に役立てている。

光化学オキシダントの測定局数は、１１７９局（一般局１１５０局、自排局29局）ある。このうち、環境基準達成局は、一般局、自排局でともにゼロ局。基準を達成した測定局はなかったということだ。依然としてきわめて低い水準にある。２０１８年に発令された「光化学オキシダント注意報」は、19都府県でのべ80日あり、漸減傾向にあるものの高止まりしている。

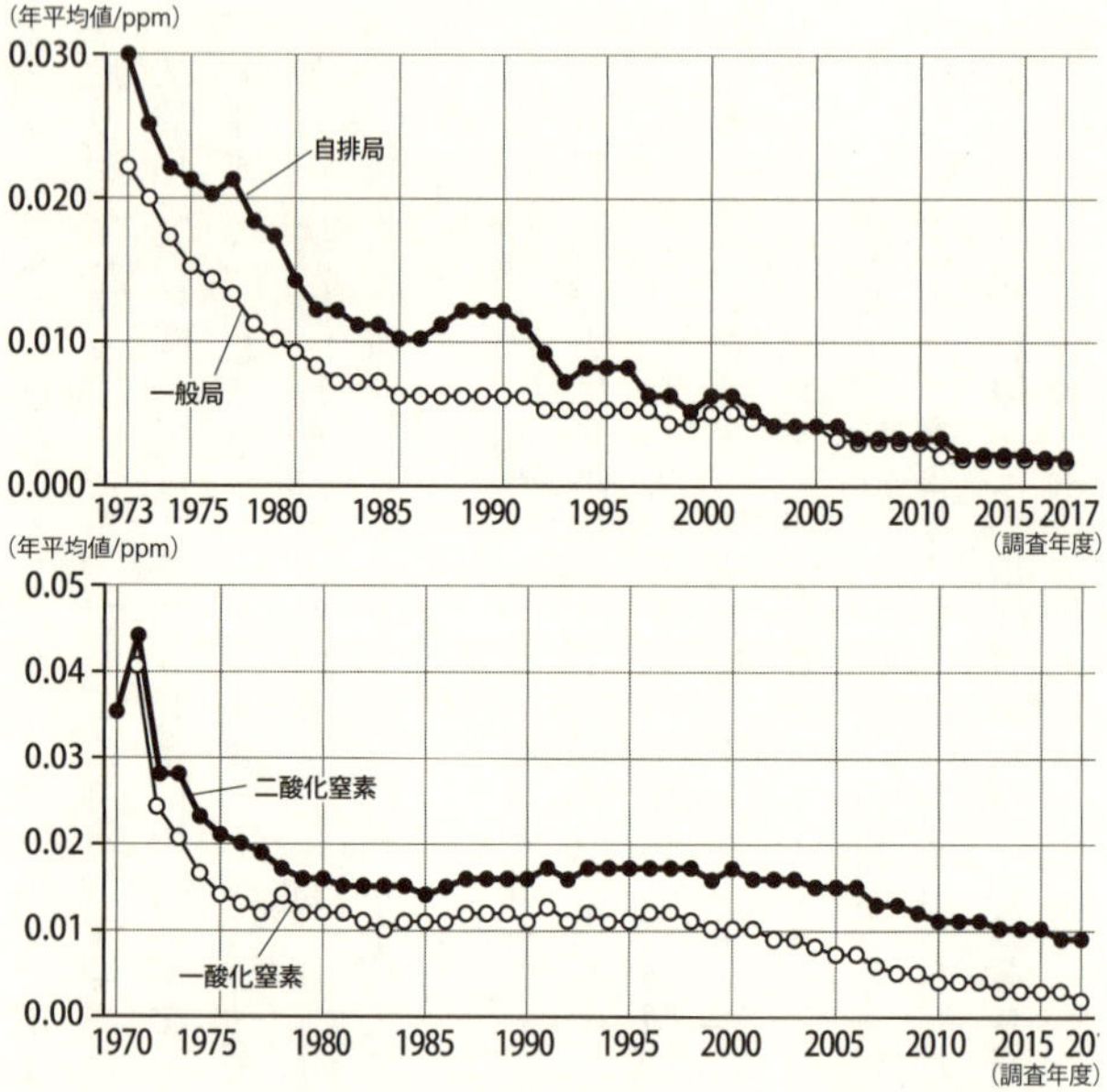

図2-1　（上）二酸化硫黄濃度の年平均値の推移、（下）窒素酸化物濃度の年平均値の推移（環境省）

今回、取材していてびっくりしたのは、かつて大気汚染の名所だった臨海工場地帯が、「夜景クルーズ」の観光名所となっていたことだ（写真2-1）。「日本10大工場夜景」といったリストもある。私もそのひとつの東京湾の京浜地帯をめぐる観光船に乗ってみたが、夕暮れとともにしだいに工場に灯がともっていくのは壮観だ。

　あの四日市の工場地帯は「工場夜景の聖地」といわれ、近未来都市さながら明かりに照らされた広大なコンビナー

写真2-1　四日市の工場夜景（PIXTA）

トを観光船でめぐる。川崎、横浜、倉敷（岡山県）、周南《しゅうなん》（山口県）、堺（大阪府）、北九州など11都市でも、夜景見物の観光船は人気が高い。いずれも、かつて、近づくのもはばかられた汚染地帯だった。若者の間では「工場萌《も》え」も増えているという。

（*）　一般環境大気測定局（一般局）　一般環境大気の汚染状況を常時監視する測定局。

（**）　自動車排出ガス測定局（自排局）　自動車走行による排出物質に起因する大気汚染の考えられる交差点、道路および道路端付近の大気を対象にした汚染状況を常時監視する測定局。

水域の環境基準

水域の環境はどう変化したのか。１９６０

年代末になっても河川、湖沼の汚染は進行した。「昭和44年版公害白書」（1969年）は、水質の悪化が顕著な水域として諏訪湖《すわこ》、琵琶湖《びわこ》南半分、霞ヶ浦《かすみがうら》、利根川《とねがわ》上流、木曽川《きそがわ》、長良川《ながらがわ》などを挙げている。1972年の白書には、水質が悪化した湖沼として「箱根《はこね》・芦ノ湖《あしのこ》」「丸池《まるいけ》・野尻湖《のじりこ》」「十和田湖《とわだこ》」「洞爺湖《とうやこ》」などが出てくる。

河川を通じて海域にも工業・生活排水、家畜の屎尿《しにょう》などが流れ込んで、水質汚濁が深刻化していた。1970年の白書は、「身近な海水浴場の水質が年々悪化し、とくに大都市周辺において顕著だ」と述べている。

高度成長が終わり安定成長に入った1970年代半ば以降も、公共用水域の水質悪化は社会問題であった。「昭和51年版環境白書」（1976年）は、全国の水質測定の結果、環境基準の達成率は、河川では47・4%、湖沼では37・5%、海域では56・6%であり、どの水域も環境基準達成率が低いことを指摘している。

しかし、1980年の環境基準の達成率は、河川は67・2%、湖沼は41・6%、海域は79・8%となってかなりの改善がみられた。しかし、達成率はまだ満足すべき状況ではなかった。

バブル末期の1990年度の環境基準達成率は、河川73・6%、湖沼44・2%、海域77・6%で、10年前の1980年度よりも河川、湖沼の水質改善が進んだが、海域の水質改善は停滞した。

1980年代に入っても状況はかんばしくなかった。1981年11月26日の朝日新聞は、酸性雨、農薬・肥料、山林開発、観光などによる複合汚染によって、水源地の水質の悪化が大きな問題であり、汚染が改善されないままだと伝えている。

1990年代に入って、河川や湖沼の水質は改善されてきたものの、海域の水質改善は停滞したままだった。環境庁によると、海水中の大腸菌群数が基準値を超えて、79年の段階で不適とされた割合は、429ヵ所の調査対象のうち55％もあった。だが、翌年には28％に下がり、その後急減して84年には19％、91年にはすべての海水浴場で基準値をクリアした。

2000年度の環境基準達成率は、河川82・4％、湖沼42・3％、海域75・3％であり、10年後の2010年度には環境基準達成率は、河川92・5％、湖沼53・2％、海域78・3％。2017年の環境基準達成率は、河川94・0％、湖沼53・2％、海域78・6％、全水域では89・0％まで上がった。

この達成率の上昇は、下水道の普及によるところが大きい。国土交通省、農林水産省、環境省の各省が所管する下水道・農業排水施設・浄化槽などの汚水処理人口普及率は、2017年度末には全国で90・9％になり、はじめて9割の大台に乗った。1965年の普及率はわずか8・0％でやっと半数に達したのは1994年だった。

一方で、いまだに約1200万人が汚水処理施設を利用できない状況にあり、とくに人口5万人未満の市町村の汚水処理人口普及率は79・4%にとどまっている。

このように、すべての水域が環境基準を達成する状況にはなっておらず、湖沼、海域を中心に、依然として環境基準を達成していない水域が見られる。観光地では、ペットボトル、空き缶、弁当箱などのごみが散乱し、海域や湖沼に河川によって汚水が運ばれてくるところも見られるが、このような状況も湖沼の環境基準達成率が低い原因になっていると考えられる。

水清ければ魚すまず

とはいえ1970年の「公害国会」で可決された「下水道法の改正」を受けて、国をあげて下水道の整備を進めてきた。その甲斐《かい》があって、欧米先進国と肩を並べるところまできた。ところが、海水の水質が改善されるのにつれて、海洋で異変が起きているという報告が相次いでいる。東京湾では2018年度に、千葉県産の海苔《のり》の収穫量が過去最低を記録した。千葉県漁業協同組合連合会によると、収穫量は1億4000万枚でピーク時の4分の1ほどに激減した。県漁連の担当者は、原因は海水温の上昇と栄養塩類の不足とみている。

有明海《ありあけかい》、瀬戸内海《せとないかい》などの海苔の主要産地で生産量の低下や、色が茶褐色になる「色落ち」

の被害が目立ってきた。とくに２０１０年以降増加してきたという。ついに海苔メーカーも値上げに踏み切った。

原因は、下水処理による水質浄化で海水がきれいになり過ぎて、リンや窒素など海の生物に必要な栄養が少なくなっているため、とみる専門家が多い。水質が大幅に改善された瀬戸内海でも、栄養塩の濃度が減少して「栄養塩異変」と呼ばれる新たな水環境問題が発生している。

１９７３年には「瀬戸内海環境保全臨時措置法」（現・瀬戸内海環境保全特別措置法）が制定され、排水などの規制が強化された。海域の窒素の環境基準は「1リットルあたり利用目的によって0・2〜0・6ミリグラム以下」。１９７７年度には1リットルあたり0・7ミリグラムまで上昇し、赤潮が多発し「瀕死《ひんし》の海」と呼ばれた。

しかし、下水場の普及で窒素濃度は年々低下して、２０１６年度には工場地帯を除くと劇的に改善されて、0・14〜0・18ミリグラムにまで下がって基準をクリアした。大海水浴場も復活した。

ところが近年、瀬戸内海では養殖海苔の色落ちが広がり、春の風物詩であるイカナゴのシンコ（稚魚）が極端な不漁に陥っている。イカナゴは、２０１９年春には全盛期の30分の1まで漁獲量が下がった。生産量が国内の6割を占める広島産の養殖カキも、この50年間安定していた生産量が数年来、急に落ち込んでいる。

香川大学などの調査では、「海の栄養不足」が原因とみられる。「水清ければ魚すまず」ということわざ通りになってきた。兵庫県では2019年4月、排水基準を見直して栄養塩を増やす検討をはじめた。

国の現行基準は窒素濃度を、海水1リットルあたり「0・3ミリグラム以下」としているが、県は「0・2ミリグラム」という「下限基準」を加えるという。環境基準に下限を設けるのは、前代未聞である。私も聞いたことがない。

国土交通省は2015年に「下水放流水に含まれる栄養塩類の能動的管理のための運転方法に係る手順書」を発表した。これによって、周辺水質などへ大きな影響が出ないことを条件に、「豊かな海」を目指して必要に応じて下水処理中の窒素濃度を上げて海洋に放流することを認めた。その海域は、瀬戸内海や有明海などの20都市33ヵ所におよぶ。

日本の国際的評価

パリに本部を置く経済開発協力機構（OECD）は1976～77年、日本に調査団を送って『日本の環境政策』（Environmental Policies in Japan）と題するレビューを発表した。その中で、「日本は工業に多くを依存し大規模な開発を行って、1960年代末ごろまでには世界でもっとも汚染の進んだ国の一つになった」と背景を分析した。

そして「その後、環境破壊は国民の間で容認されなくなり、強力で多面的な政策が急速に樹立されて、汚染の増大傾向を確実に抑えて公害防止政策に成功した」と、日本の環境政策を評価した。

その後、ＯＥＣＤは１９９４、２００２、10年と3回にわたって「日本の環境パフォーマンス・レビュー」を発表している。それぞれに日本に対する注文はあるが、「日本の環境技術の進歩はめざましく」「ＯＥＣＤ諸国中もっとも大気汚染の少ない国のひとつ」であり、「下水処理によって水質浄化に成功し」「廃棄物のリサイクル率が高い」ことなど、急速に環境が改善されてきたことを高く評価している。

他方、このレビューによって経済界は公害対策が一段落したと解釈して、公害対策を後退させたという指摘もある。経団連や大阪商工会議所が公害健康被害補償法（公健法）の負担が不合理であり過重であるとして全面改正を求めたのもそのひとつだ。

企業の公害防止設備投資は１９７５年度をピークに急減し、80年にはほぼ10分の1になった。これは脱硫装置などの公害防止設備が一巡して、新規投資の必要が少なくなったり、産業構造の変化や資源節約型技術の発展に負うところが大きい。

米国のイエール大学環境法・政策センターが定期的に発表している「環境への配慮が高い国ランキング」（２０１８年版）では、日本は１７７ヵ国中20位に入った。近年、世界の汚染地帯の汚名を冠せられているアジア諸国のなかでは、最高位だ。かつて「公害先進国」とさえいわれた日本を思い出すと、今昔の感がある。日本人がもつ「共感性」「協調性」「勤勉性」「潔癖性」「完璧《かんぺき》性」といった特質と無縁ではない気がする。

2. 回復に向かう東京湾

人口が集中する東京湾

飛行機が夜の東京に近づいた。水平線にぼんやりとした光のドームが迫ってきた。やがて、巨大なドームのなかにちりばめられた光を縫うように、機体は高度を下げながら羽田《はねだ》空港を目指して降下していく。

眼下に見えるのは東京湾だ。巨大な怪獣が真っ黒な口を開けている。乱ぐい歯のように、角張った埋立地や突堤が海に向かって突き出している。房総《ぼうそう》半島は鼻面であり、千葉市から袖ケ浦《そでがうら》市にかけては上あごの歯。対岸の三浦《みうら》半島は下あごにあたり、横浜から川崎がむき出した歯だろう。

東京湾流域の面積は約８０００平方キロ。国土全体の２％に過ぎないが、流域に住む人口は３５００万人。日本の人口の４分の１以上になる。世界を見渡してみてもこれだけの人口を抱える湾は見あたらない。

湾に流れ込む多摩川《たまがわ》、隅田川《すみだがわ》、荒川《あらかわ》、江戸川《えどがわ》など大小36の河川を通じて、日本の生活排水の3割、そして工場や農地からも膨大な量の排水が流入する。とくに、20世紀後半にはじまった人口や経済活動の都市への集中は、東京湾に過大な負担を強いることになった。

東京湾の原風景

東京湾は神奈川県の三浦半島と千葉県の富津岬《ふっつ》を結ぶ線によって内湾と外湾に分けられる。通常は東京湾といえば内湾をさす。かつて海岸のほとんどが砂浜だった。青い海、白い砂浜、緑の松林。これが原風景だ。

葛飾北斎《かつしかほくさい》の「富嶽《ふがく》三十六景」の「武陽佃嶌《ぶようつくだしま》」には、当時の光景が活《い》き活きと描かれている。隅田川河口の佃島《つくだじま》を中央に、その周辺には行き交う漁船や荷船。背後には白く雪をいただく富士山がそびえる。

江戸が最盛期を迎えた文化《ぶんか》文政《ぶんせい》年間（1804～30年）には、人口は110万～130万と推定され、世界最大の大都市に膨れ上がった。しかし、下水が整備され、屎尿は回収されて肥料として畑に還元されていたために、海や河川はほとんど汚染されなかった。

1950年代半ばごろまでは自然豊かな海岸が残され、遠浅の海には海苔ひび（海苔を育てる網）の竹竿《たけざお》や魚を追い込む簀立《すだ》ての柱が立ち並んでいた。春は潮干狩り、夏は海水浴でにぎわっていた。

東京湾にはなつかしい思い出が多い。小中学生のころ、つまり1950年代から60年代にかけて、家族や学校の行事で、春には稲毛《いなげ》海岸（現・千葉市）に潮干狩り、夏には富浦町《とみうらまち》（現・南房総市《みなみぼうそうし》）の臨海学校に通った。海に近づくと、漂ってくる磯の香と潮騒に興奮して、松林のなかを走り出したものだ。

芥川龍之介《あくたがわりゅうのすけ》が1924年に発表した「少年」という小説の一節に、主人公の少年がはじめて東京湾の大森《おおもり》海岸で干潟を見たときの驚きが描かれている。

「干潟に立って見る海は大きい玩具箱《おもちゃばこ》と同じことである。玩具箱！　彼は実際神のように海と云う世界を玩具にした。蟹《かに》や寄生貝《やどかり》は眩《まば》ゆい干潟を右往左往に歩いている」

まさしくこの世界である。

戦後の発展

第二次世界大戦によって、東京、川崎、横浜などは大規模な空襲を受け、壊滅的な被害を受けた。しかし、1950年に朝鮮戦争が勃発《ぼっぱつ》するや、その後方基地として経済的な恩恵を受け、停滞していた産業活動が活発化して高度経済成長に突入した。

東京湾周辺には、鉄鋼、非鉄金属、石油化学、発電所が次々に進出し、それを受け入れる港湾や道路や倉庫などの産業基盤が整備されていった。埋め立てによる工業用地の造成も急ピッチで進められ、東京都には京浜島《けいひんじま》、昭和島《しょうわじま》、城南島《じょうなんじま》が、川崎市には扇島《おおぎしま》、東扇島《ひがしおおぎしま》が、横浜市には大黒埠頭《だいこくふとう》、本牧埠頭《ほんもく》などがそれぞれ出現した。

東京湾の東側と西側には、京浜臨海工業地帯と京葉《けいよう》臨海工業地帯が形成された。千葉、木更津《きさらづ》、東京、川崎、横浜、横須賀《よこすか》港の六つの港を抱え、阪神《はんしん》工業地帯と北九州工業地帯とともに四大工業地帯を形成、日本経済を支える大黒柱に成長した。

東京港と横浜港などに出入する船舶は一日あたり約500隻にのぼり、東京湾内の港湾で取り扱う貨物は、全国の港湾で取り扱うコンテナ貨物の約4割、原油輸入量の約3割、LNG（液化天然ガス）輸入量の約5割を占める。

しかし、湾岸に工場や人口が集中するのにつれて、1960年ごろから土地の高騰、工業用水の不足、道路の渋滞などのさまざまな問題が噴出しはじめた。とくに、工場から出る排水・排煙によって起こった公害は深刻な社会問題に発展した。

埋め立てられる湾

東京湾の埋め立ての歴史は古く、1603年の徳川《とくがわ》幕府の開府当時からはじまった。江戸城の増改修や城下町の建設を進めるのに必要な膨大な資材の多くは船で運ばれ、「江戸湊《みなと》」

と呼ばれていた東京湾から搬入された。そのために、埋め立てや護岸整備が進められた。当時、ひんぱんに発生した大火のがれきも、市中から出るごみも埋め立てに回された。

１８９０年ごろ、隅田川の河口には土砂がたまって水深が浅くなり、船の航行にも困難をきたすようになった。そのために浚渫《しゅんせつ》が行われ、掘り上げた土砂を利用して佃島周辺の浅瀬を埋め立ててできたのが月島《つきしま》の一部になった。隅田川口の改修工事は１９２０年代にさらに進められ、月島の西半分や晴海《はるみ》、江東《こうとう》区の辰巳《たつみ》から豊洲《とよす》にかけての埋立地が生まれた。

その後も埋め立ては止まらなかった。明治時代は５６０ヘクタールだった埋立地は、１９６０年代半ばから70年代半ばにかけて急拡大して、東京湾の海面面積の約２割に相当する約２５００ヘクタールが埋め立てられた。

現在では約５８００ヘクタールにもなり、東京都の千代田・中央・港・新宿の４区を合わせた面積に匹敵する（図２-２）。背景には、東京湾は遠浅の海で埋め立てしやすかったことと、首都圏のごみ捨て場にされたことがある。高度成長期に入ると、増えつづけるごみで埋立地は増殖していった。

東京国際空港（羽田空港）は、もともと多摩川口のデルタ地帯にあったアシ原の浅瀬を埋め立て、１９３１年に開港した。その後も埋め立てによって拡張され今日の規模にまで拡大した。お台場《だいば》、新市場の豊洲、東京オリンピックのボート・カヌー場になる「海の森水上競

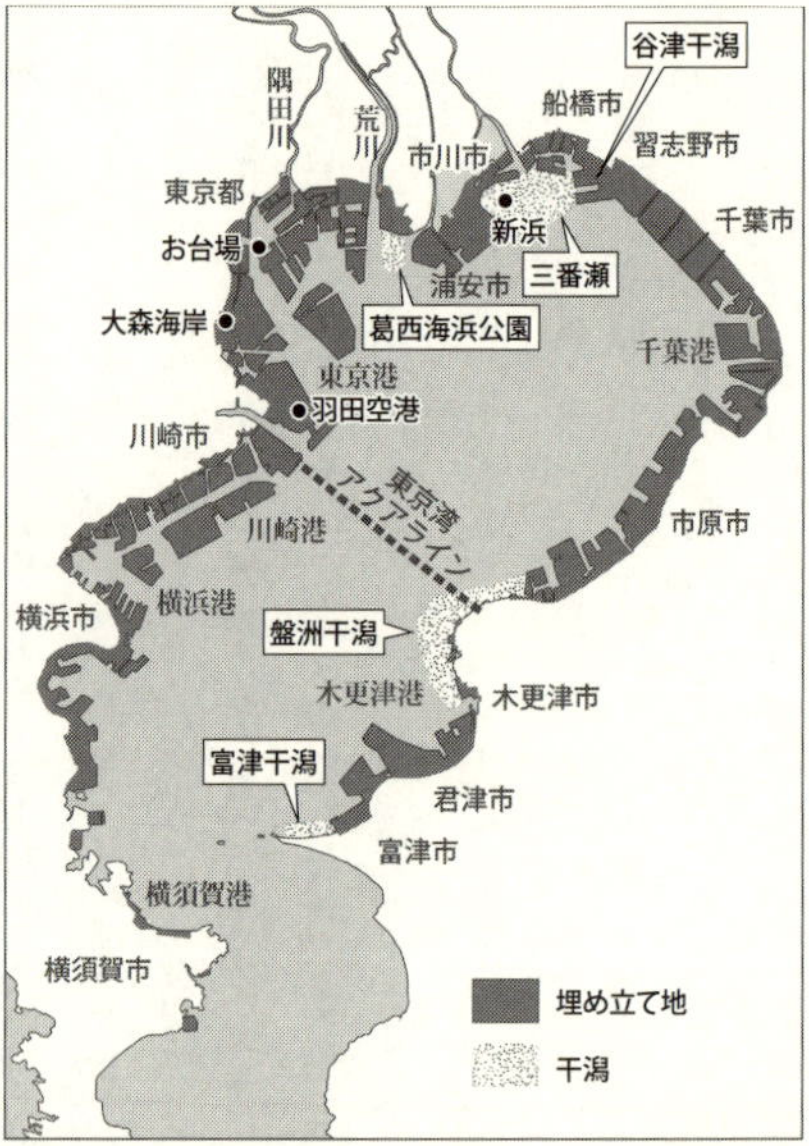

図2-2　東京湾の埋め立て、干潟（東京湾環境情報センターのHPをもとに作成）

技場」、東京ディズニーリゾート、横浜・八景島《はっけいじま》シーパラダイスも、すべて人工島だ。

干潮時には砂浜になる干潟は、沿岸部に住む人にとっては魚介類や海藻を提供してくれる生活の場所だった。釣りや潮干狩りの遊び場であり、強力な海水の浄化装置でもある。水鳥にとっては重要な餌場だった。

とくに、渡り鳥のなかには、干潟から干潟へ栄養を蓄えながらときには1万キロもの長距離を飛行していくものがいる。干潟がなくなれば、たちまちガス欠を起こして飛行がつづけられなくなる。1960年代から70年代にかけて、シベリアから日本へ、日本から東南アジアに渡っていく野鳥が急減したのは、干潟などの湿地が減ったことも原因と考えられる。

東京湾では、明治の後期まで富津から横浜まで沿岸域に干潟が連続して並んでいた。1950年代半ば以降、埋め立てに伴って約123キロ、約2万ヘクタールの干潟が消失した。現在の海岸線のうち、自然海岸は本来のわずか7％ほどしか残されていない。

千葉県の小櫃川《おびつがわ》河口の湿地以外に、干潟と浅瀬が自然状態に近い形で残っているのは盤洲《ばんず》干潟と富津干潟だけだ。干潟を含む浅瀬は、東京都の葛西《かさい》沖三枚洲《さんまいす》と千葉県行徳《ぎょうとく》・船橋《ふなばし》沖の三番瀬《さんばんぜ》ぐらいになった。航路造成と土砂採取のために浚渫されて、海底地形もすっかり変わってしまった。

「干潟」とは、砂や泥によってできた遠浅の海岸で、干潮時には海底が露出する低湿地のことだ。川の上流から運ばれてきた有機物や栄養塩が堆積《たいせき》しやすいため、多様な生き物のすみかになる。干潟が失われた結果、湾全体の自浄能力は大きく低下した。小櫃川河口干潟だけで一日6万トンの汚水処理能力のある中規模汚水処理場にも匹敵するほど、優れた浄化作用がある。干潟の消失は水質悪化を加速させた。

赤潮による漁業被害

その一つが赤潮だ。赤潮は海水がさまざまな色に染まる現象なだけに注目を引きやすく、8世紀に完成した『続日本紀』や水戸《みと》光圀《みつくに》によって1657年から編纂《へんさん》がはじまった『大日本史』など多くの文献に記録が残されている。

これらの記録は自然現象としての赤潮だったが、国内では1950年代から海洋汚染が引き金になったとみられる赤潮の発生が増えてくる。東京湾でも人口や工場が集中しはじめた1950年代半ばごろから、赤潮がひんぱんに発生するようになった。

赤潮は、海・湖沼・河川などの水域で、汚染物質中のリンや窒素などの栄養塩類が増えて、プランクトンなどが大発生する現象だ。その種類によって、赤色、褐色、黄褐色、乳白色、桃色、緑色などに海面を染めるために、この名称がある。

自然状態でも起きるが、通常は人間活動によって水中の栄養分が増えたときに発生する。とくに春から秋にかけて太陽光が強い時期に、植物性プランクトンが大発生しやすい。

汚染が深刻化する前には、4月ごろから発生回数が増えてきて7月ごろピークに達し、11月には収まるという季節的な変化を繰り返してきた。ところが、1980年ごろからほとんど一年中、どこかの水域で赤潮が見られるようになった。

東京、神奈川、千葉の1都2県で組織する東京湾岸自治体環境保全会議の「東京湾水質調査報告」(2016年度)によると、東京湾全体の赤潮の発生回数は2005年までは年40〜60回発生したが、06年以降は年30回前後と減少傾向をみせている。

赤潮とは発生のメカニズムが異なるが、魚介類を酸欠死させてしまう現象に青潮がある。

海面が乳青色または乳白色に変化した現象のことだ。海の底層にできる無酸素状態の水塊が原因である。

この水塊は、海面下5〜6メートル以深のところに発生するが、表層に上がってくると、水塊に含まれている硫化水素が酸素に触れて酸化して硫黄分を発生させるため、温泉臭くなり水の色が青白く染まる。

酸欠のうえに毒性の強い硫化水素が含まれているために、漁業や海苔やアサリなどの養殖に致命的被害をおよぼす。東京湾では1963年に湾奥ではじめて観察され、その後年を追って発生回数が増え、現在は毎年春と秋に決まったように発生する。2014年夏の青潮は約1週間つづき、市川《いちかわ》市などの沖合にある三番瀬では計3880トンのアサリが死滅した。

重化学工業が発展するにつれて各地で工場排水による水質汚濁が発生し、工場と地元住民の対立は激しくなった。通産省（当時）の調査によると、1956年度に「有害廃液を流した」と漁民から抗議を受けた工場は全国で476ヵ所。漁業被害額は当時の金額で5億5000万円、関係漁民は約7万人にのぼった。

こんな状況の中で、1958年に工場に漁民が乱入する事件が発生した。通称「黒い水事件」である。東京都と千葉県の境を流れる江戸川河口の干潟で、水が黒く濁っているのに漁民が気づいた。現在では東京ディズニーランドになっている一帯だ。

やがて、河口から東京湾にかけて大量の魚が死んで浮き上がり、漁獲量が減りはじめた。江戸川河口域の三平《さんぺい》（現・舞浜《まいはま》地区）では、稚貝がほぼ全滅、成貝の約90％が死滅した。汚染源は、江戸川区東篠崎町《ひがししのざきまち》にある本州製紙江戸川工場が垂れ流した廃液だった。

この漁場を生活の基盤にしている漁民にとって、生活のかかった大問題である。被害は一段と深刻になった。河口を漁区にしている東京都と千葉県側の九つの漁業協同組合が抗議の声を上げ、約８００人の漁民が本工場に押しかけた。警察機動隊が警備にあたっていた。

会社の対応に業を煮やした漁民が門を乗り越えて工場へ乱入、排水溝を壊し事務所を破壊した。機動隊と乱闘になって流血の事件に発展した。漁民側に重軽傷者１０８人、逮捕者８人、機動隊側からも36人の負傷者が出た。

漁協からの訴えで、東京都と千葉県水産課が合同で葛西浦から浦安《うらやす》海岸にかけて調査した。その結果、魚介類が大量に死滅しているのは廃水が原因であると公表した。国会でも取り上げられて、東京都は廃液処理設備が完備するまで操業を停止することで決着をつけた。

この事件をきっかけに、旧水質二法と呼ばれる「公共用水域の水質の保全に関する法律」（水質保全法）と「工場排水等の規制に関する法律」（工場排水規制法）が制定された。

それまでは、工場廃水が周辺住民に被害を与えても、無視されたりわずかな補償ですまされたりしていた。漁民から「水質汚濁防止法」の制定を求める請願が毎年のように国会に提出されたが、産業界とそれを後押しする通産省（当時）の反対で法制化されなかった。この水質二法ははじめての公害対策立法になった。

頻発する水質汚濁事件

京浜・京葉両工業地帯に挟み込まれた東京湾は、その後も水質汚濁事件・事故が頻発した。1970年、東京湾の漁場である横浜市本牧沖約2キロの水域に、工場が下請けにヘドロを不法投棄させていたことが明るみに出た。神奈川県公害センターが分析したところ、高濃度の水銀、カドミウム、シアン、鉛などの有害金属が検出された。

漁民たちは怒りを募らせ、汚染に抗議する「公害追放神奈川県漁民大会漁船海上デモ」を決行した。デモには漁船196隻、約600人が参加した。船には「公害企業の責任を徹底的に追及する」と書かれたのぼりや横断幕がひるがえった。

陸上でも横浜公園に約2500人が集まり、横浜市内の繁華街をデモ行進した。その後横浜海上保安部が、浚渫したヘドロを捨てていた5人の船長と下請会社を書類送検した。

一方、汚染の拡大で、1950年には千葉県の浦安から富津にかけて69あった漁業組合が、73年には32に半減した。漁業権が消滅した水域は約2万9000ヘクタール、漁業を廃業した人は約2万2000人。残った漁民も汚染による漁業被害に悩まされた。

1973年には、千葉県の漁民らが東京湾で海上を封鎖した。千葉県産のスズキから暫定基準を超える水銀が検出され、東京都中央卸売市場が「水銀汚染魚」として取り扱いを停止したことに端を発した。

神奈川県漁業協同組合や各漁協などが水銀排出3社に対し、実力行使で排水口を封鎖し、補償要求を突きつけた。3社は最終的に汚染の責任を認め、漁民側の要求を全面的に受け入れ補償に応じた。

最悪の時代

京浜・京葉の両臨海工業地帯および東京都内から排出された工場廃水や都市下水は、ヘドロとなって海底に堆積した。とくに1970年代に環境汚染はピークを迎え、海の生き物が激減して、「死の海」とまで呼ばれる状態に陥った。

このころ、全国的に水質汚濁事件が発生した。1960年代から70年代にかけて、静岡県富士市田子《たご》の浦《うら》港で、製紙廃液による「ヘドロ公害」が発生した。そのころ、新聞社の静岡支局に勤務していた私は、この問題の取材をきっかけに環境問題にのめり込んでいった。

この背景に、急速な経済成長に伴う水需要と汚染の増加があった。国民総生産（実質）は1962年に比べて68年には86％も急増し、工業出荷額もほぼ2倍になった。工業生産の増大は水需要の増大を招き、工業用水量はこの間に一日あたり２６９６万トンから３６０３万トンへと34%も伸びた。この用水量は工場排水とほぼ同量である。

市町村に寄せられた公害の苦情件数は、１９６５年と69年を比較すると3倍以上に増え、その中でもっとも増加したのは「汚水・廃水」に関する苦情だった。最高裁判所民事局が、１９７０年6月時点で調べたところ、各地の地方裁判所で１３８件の公害に対する損害賠償訴訟が起きていた。うち水質汚濁に関するものが23件、大気汚染に関するものが22件あった。

東京湾の漁業は、縄文時代には盛んに行われていた。全国の約２５００ヵ所で発見されている貝塚のうち、4分の1近くが東京湾沿岸部で発見されている。貝塚からは、クロダイ、スズキ、コチ、マカジキなどの魚の骨のほか、アサリ、ハマグリなどの貝殻も大量に出土し、当時から豊かな海産物に恵まれていたことがわかる。

漁業が大きく発展したのは江戸時代。関西《かんさい》から進んだ漁法や漁具を持った漁民が移住してきた。江戸時代前半はイワシ漁が中心だった。油を採ったあと干し固めて「干鰯《ほしか》」という高級肥料をつくった。

横浜港に近代的な桟橋が完成した１８９０年、東京湾沿岸には84の漁村と同数の漁業組合があった。このころ東京湾は屈指の好漁場だった。東京の人びとは「江戸前」の魚介類を珍重した。

1897年からはじまった漁獲統計によると、第二次世界大戦前のピークは1939年前後で、年間漁獲量は年8万トンに達した。当時、海苔の養殖量は日本一だった。

第二次世界大戦末期になると、漁民も漁船も軍に動員され、物資の不足から魚の流通は統制されて漁獲量は1万トンにまで激減した。だが、戦後は食料増産のために漁業の復興は早く、漁獲量は終戦2年後には戦前のピークを超え、1960年には18万8000トンを超えてこれまでの最高を記録した。

だが、このころから汚染がじわじわ広がってきた。ハマグリ、カキ、クロダイなどの漁獲量が減りはじめ、1957年には汚染に敏感なシラウオが東京都の漁獲統計から消えた。半透明で細長いシラウオは、「白魚のような指」といった形容があるほど身近な存在だった。

1970年代以後は漁業者の減少もあって漁獲量は減りつづけ、1980年には70年の半分、戦後のピーク時の3分の1以下まで落ち込んだ。近年、水質が回復してきたが、1960年には約19万トンあった漁獲量は2万トンを下回り、漁業従事者も1968年には約2万3000人だったのが最近は5000人を割った。

漁業権の放棄

千葉県の君津《きみつ》市には、「漁業権放棄記念碑」や「漁協解散記念碑」がある。いずれも多くの漁民にとっては、海を売り渡した悔恨の碑でもある。かつてこの一帯は遠浅な浜辺がつづく豊かな漁場であり、冬には一面に海苔ひびが立てられていた。江戸時代後期に養殖がはじまった「上総《かずさ》海苔」の産地として栄えてきた。

戦後間もない１９５０年に、経済復興と京浜工業地帯への過度な集中を分散させる目的で、千葉県と千葉市は、京葉臨海工業地帯の造成に着手した。この方針にそって、１９５０年代から60年代にかけて、東京湾の千葉県側は次々に埋め立てられて、川崎製鉄（現・ＪＦＥスチール）、八幡製鉄（現・日本製鉄）、東京電力千葉火力発電所などが進出してきた。埋立地は当時、1平方メートルあたり5円で千葉県から大企業へ払い下げられた。

世の中は高度経済成長に酔いしれていた。「海を埋め立てれば土地がつくれる」という打ち出の小槌《こづち》に、利権をねらって中央、地方の多数の政治家や大企業や不動産屋がハゲタカのように群がった。

埋め立てのために、沿岸の漁協は次々に漁業権を放棄していった。放棄した漁協は33組合で組合員数は約1万５０００人にのぼる。漁民も漁業の行く末に希望を失い、「開発」への期待にのめり込んでいった。漁業権放棄に反対した漁民も多かったが、県や大企業の説得に屈せざるをえなかった。そのようななか、君津漁協も県との漁業補償交渉が進み、１９６１年、県との漁業権放棄の協定に調印した。

漁業権の放棄には、進出大企業への就職斡旋《あっせん》が条件に入っていた。しかし、この約束は守られず、採用には筆記試験が課せられて就職を断念するものが続出した。結局、浦安市から富津市までの全長80キロの海岸線が埋め立てられた。のどかな海岸風景は一変した。林立する煙突から白煙や黒煙がたちのぼり、巨大なタンクが整然と並び、夜間も煌々《こうこう》とライトがともされた。

漁業権を放棄して補償金をもらった漁師のなかには、豪邸を建て、浪費に走り、ギャンブルにのめり込み、詐欺で有り金をだまし取られ、人生が変わってしまった人も少なくない。私は記者時代に、コンビナート、原発、原子燃料施設、ダム、新幹線などの大型開発で補償金をもらって土地を売り渡したものの、金を使い果たして悲惨な生活を送っている元地主を数多くみてきた。

漁業権放棄後の漁民の生活の変化を調査した貴重な報告がある。千葉大学教育学部社会学研究室が1969年、千葉県内の蘇我《そが》、君津など4漁協の456世帯を対象に聞き取り調査したものだ。

「漁業権放棄」に対して賛成は32・5%、反対は52・5%。「放棄した結果」は「よかった」が26・3%、「仕方がなかった」が45・4%。「埋め立て前に比べて生活は楽になった」が17・5%、「生活が苦しくなった」が9・0%。「補償金の使途」は、「投資および事業資金」

が26・0%、「家の新改築」が17・5%、「教育費」が8・1%、「生活費その他」が48%。

漁民が海を放棄した後、海に関心を抱く人たちは少なくなり、海は汚染が進行した。干潟は工場や住宅街といった経済機能を優先され、海洋生産、生態系、浄化機能、憩いの場といった「環境財」としての価値は無視されていった。

回復に向かう東京湾

水質汚濁防止の歴史は、江戸川河口で起きた「黒い水」事件後、1958年に制定された「旧水質二法」の制定にはじまる。だが、初期の公害防止法は「産業の健全な発展との調和」が前面に押し出され、違反者への罰則規定もなく、国際競争力の強化を重要施策に掲げる政府に対しては及び腰だった。

汚染者の責任が追及できるようになったのは、旧水質二法に代わって1970年に公布された「水質汚濁防止法」の制定まで待たなければならなかった。特筆すべきは「無過失責任主義」が導入されたことである。そして、全国一律排水基準の設定と、都道府県による上乗せ排水基準の設定が可能になったことである。

加害者に故意や過失がなければ、民事上の不法行為は成立しないが、新たな防止法では、被害者の保護を図るため、例外的に加害者の故意・過失を問わずに法的責任を追及できる

「無過失責任」を認めた。

しかし、依然として生活排水などによる水質汚濁は改善されず湖沼・内湾・内海などの閉鎖性水域における環境基準の達成率は低迷をつづけていた。東京湾、伊勢《いせ》湾、瀬戸内海（大阪湾を含む）など、開発の影響をもろに被った閉鎖性水域では、1950年代後半から進行していた水質汚染は70年代前半には頂点に達した。

東京湾などの閉鎖性海域の水質改善を加速させるために、1978年に「水質汚濁防止法」を改正して、汚濁負荷量による総量規制を導入した。COD(*)（化学的酸素要求量）の総量規制制度が導入された。その後窒素、リンも加えられて、1979年度以来、5年ごとに8次にわたって実施された。

東京湾に流入する汚染物質によって、1979年度のCODの負荷量は毎日477トンだった。それが2018年度の第7次の規制の実績では47トンにまで減少した。この間に、窒素の流入量は49％、リンは69％に減少した。総量削減が効果を発揮して、汚染物質の流入量が大きく改善されたことを物語っている。

なかでも屎尿は江戸時代以来、肥料として畑に戻され江戸市内の河川や東京湾の水質が維持されてきた。しかし、屎尿の排出量が増えるにつれて、河川や東京湾に投機されるようになった。戦後になると、化学肥料の普及とともに農村での需要が減った分、屎尿の海洋投棄が増えていった。

それにつれて、東京湾の沿岸都市からは赤痢患者が発生するようになった。屎尿中の大腸菌で貝が汚染されたことから感染者が広がった。このため、東京都は湾内の海洋投棄は禁止して、湾外の外洋投棄に切り替えた。

都心に人びとが戻りはじめた戦後、流域の人口が急増してくると、ふたたび屎尿処理の問題が顕在化してきた。連合国軍最高司令官総司令部（ＧＨＱ）が「屎尿汲《く》み取りの機械化、衛生的な処理、屎尿と下水道との合同処理」を勧告し、１９５６年には海洋投棄が原則的に廃止された。

都は砂町《すなまち》下水処理場にわが国で最初の屎尿処理プラントを建設して、東京都の屎尿処理の打開を図った。東京オリンピックを間近に控えた１９６４年、東京都は工場の排水規制を強化するとともに、共同処理施設の「浮間《うきま》処理場」を建設した。

さらに処理場が増えて、建設省が荒川と新河岸川《しんがしがわ》とを結ぶ浄化用水路を建設、隅田川にきれいな荒川の水を運び入れたため汚染は大幅に改善された。東京都の区部では、１９９４年に下水道普及率１００％を達成した。

（＊）ＣＯＤ　水質汚濁の指標のひとつ。英名のChemical Oxygen Demandの頭文字を取ったものだ。水中に有機物などの物質が含まれる量を、酸化剤の消費量を酸素の量に換算して示される。CODの値が大きいほど水中の有機物が多いことを示し、水質汚濁の程度も大きくなる傾向がある。100万分の1（ppm）や1リットル中のミリグラム（mg／ℓ）で表される。

豊かな東京湾

漁獲量は激減したが、海洋生物の多様性は戻りつつある。現在の東京湾でみられる魚は約700種。この狭い海域でこれだけの多様な魚類が生息しているのは世界でも珍しい。ハゼやキスやカレイといった内湾の浅い砂泥の底を好む魚類だけではなく、外湾では黒潮に乗ってきた回遊魚のキハダ、マグロ、アジ、サバ、ブリなども獲《と》れる。ジンベイザメやオニイトマキエイ（マンタ）、マンボウなども出現して、ダイバーを興奮させている。

さまざまな珍客も現れる。これも水質がよくなってきた証拠に挙げられる。なかでも「国民的スター」になったのは、2002年に多摩川に現れたオスのアゴヒゲアザラシのタマちゃん。その後次々に、鶴見川《つるみがわ》、中川《なかがわ》、荒川などの川に姿をみせ、2004年前半まで出没した。そのつど多くの見物客が押し寄せ、テレビが実況する騒ぎになった。

2006年9月には荒川と並行する新河岸川沿いの川越《かわごえ》市の田畑で、弱ったキタオットセイの子どもが保護された。「しんちゃん」と名づけられ、鴨川《かもがわ》シーワールドで元気を取り戻して海に返された。

２０１１年10月上旬、埼玉県志木《しき》市の荒川の秋ケ瀬《あきがせ》取水堰《ぜき》付近にゴマフアザラシが出現。テレビや新聞社の取材陣に加えて近隣住民らが押し寄せ、交通の大渋滞が起きたほどだった。このアザラシは「志木あらちゃん」の名前で特別住民票が交付された。11月下旬に姿を消した。

２０１３年2月に横須賀港に4頭のイルカが現れ、15年5月には3〜4頭のシャチが東京湾の千葉県富津市沖を泳いでいるのを、海上保安本部の巡視船が目撃した。２０１８年6月にはコククジラが神奈川の八景島沖で目撃された。このころ体長15メートルのザトウクジラが葛西臨海公園沖に出現。海ほたる沖などで何度も豪快なジャンプ（ブリーチング）を披露した。イルカ、クジラなどの大物の出現で見物客が集まって大騒ぎになった。

その一方で内閣府の世論調査によると、捕鯨には「賛成」が75・5％で、「反対」が9・9％。与野党の捕鯨議員連盟などの働きかけがあって、国際捕鯨委員会（ＩＷＣ）から脱退して、２０１９年7月から、排他的経済水域内で商業捕鯨を再開した。捕鯨の対象になるミンククジラ、イワシクジラ、ニタリクジラの3種は、いずれもワシントン条約で「絶滅の恐れがある動物」に指定されている。

国際社会の大勢は捕鯨反対であり、日本では１９６０年代に年間20万トン以上も鯨肉が食べられていたのが、近年は3000トンほどだ。もはや嗜好物《しこう》でしかない。日本はこれまで国際法遵守を貫き、世界でもっとも国際秩序に忠実といわれてきた。なぜ、こんな決定を下したのだろうか。

干潟の保護運動

江戸後期に出版された『東都歳事記』は、江戸の年中行事のガイドブックだ。そのなかに潮干狩りの名所として、「芝浦《しばうら》・高輪《たかなわ》・品川沖・佃島沖・深川洲崎《ふかがわすさき》・中川の沖」が挙げられている。アサリやハマグリを採り、小魚やヒラメを捕まえてその場で天ぷらにして楽しんだ。

1960年に千葉県観光協会が配った観光宣伝パンフレットの一節には「船橋海岸から富津海岸まで約七十キロの東京内湾の沿岸は、至るところ潮干狩の好適地です。アサリ、ハマグリが豊富に採れます」とある。内湾沿岸一帯は潮干狩りの好適地。大正から昭和初期にかけては、どこの浜で採ろうと自由だった。ハマグリは足で砂を探ればいくらでも採れた。

私が中高校生のころ、毎夏通っていた千葉県の富浦海岸の水質が悪くなりはじめたのは、60年代後半からだ。沖を通る船が違法投棄した屎尿が流れ着き、海が荒れた翌朝には海岸にごみの山ができるようになった。その当時、東京湾全域で40ヵ所を数える海水浴場・潮干狩り場が、75年ごろから急減して7ヵ所にまで減った。

そのようななか、干潟の保護運動は、水鳥の観察をつづけてきた愛鳥家から火がついた。埋め立てが急速に拡大してきた1967年、東京湾の干潟で野鳥の観察をつづけてきた蓮尾《はすお》純子《すみこ》ら3人の女子学生が「新浜《にいはま》を守る会」を組織し、1000ヘクタールの干潟を鳥獣保護区に指定する要求を掲げた。会長は、評論家で朝日新聞の天声人語の筆者だった荒垣秀雄《あらがきひでお》が引き受けた。

新浜は千葉県市川市にわずかに残された干潟だ。すぐ近くには、宮内庁が管理する「新浜鴨場」がある。ここは、シギ・チドリ類、ガン・カモ類、サギ類など水鳥の大生息地であり、シベリアやアラスカで繁殖して、越冬のために東南アジアやオーストラリアに渡っていく鳥の重要な中継地だ。当時、191種もの鳥類が観察されていた。私も春や秋の渡りの季節には足繁く通っていた。

「新浜3人娘」（と私たちは呼んでいたが）は、厚生大臣、農林大臣、文部大臣、国会議員、千葉県知事、千葉県議会議長らに片端から陳情し、請願書を送りつけて新浜の干潟の保護を訴えた。しかし、埋め立てを決めていた地元の土地整理組合は「鳥よりも生活を守れ」と保護反対運動を起こした。「鳥か生活か」という論争に火がついた。

だが、このころ水質や大気の汚染が、全国的に広がってきて世の中は騒然としていた。各地で水質汚濁事故が起き、スモッグ警報が出され、大気汚染が都民の最大関心事になりはじめた。

「新浜を守る会」は、200ヘクタールの「谷津《やつ》干潟自然教育園」の設置と国設鳥獣保護区指定を要求したものの、市や県議会は請願を否決した。しかし、干潟の一部が、道路予定地で国有地になっていた。国会に働きかけることでこの部分の保護が決まり、1988年に谷津干潟が「国設鳥獣保護区」に指定された。

大学1年生だった蓮尾も古希を迎え、「3人婆《ばば》になりました」と冗談をいいながら、当時を振り返る。

「公害が全国に広がってきて、健康どころか命さえ危ないと多くの人が危機感を抱いた時代でした。こうした世論の後押しで、行政も埋め立てをあきらめたのでしょう」

この運動によって54ヘクタールを保護区として残すことができ、はじめての埋め立て反対運動として日本の自然保護運動に大きな弾みをつけた。蓮尾は「新浜にも、食物連鎖の頂点に立つオオタカ、ハイタカなどの猛禽《もうきん》類が増えてきて、東京湾の環境がよくなっているのが実感できる」と語る。ただし、かつて数十万羽は飛来したシギやチドリの仲間は激減したままだ。

広がる保全運動

江戸川をはさんで新浜と反対側にある千葉県習志野《ならしの》市の谷津干潟で、大規模な埋め立て計画が持ち上がり、1971年に17人の市民が集まって「千葉の干潟を守る会」を結成、会長に大浜清《おおはまきよし》が選ばれた。「海は私たちのもの」と市民によびかけ、知事や県議会にも保護を訴えた。全国的に保護を支持する声が高まっていった。

干潟保護運動の先頭に立ってきた大浜と、40年ぶりに連絡をとった。現在92歳だ。当時を回顧しながら、干潟を残せた三つの理由を挙げた。「宅地化が進んで新たに移り住んできた住民が、運動の推進力になったこと」「研究者らの専門家が干潟の重要性を説いたこと」「住民運動が国や自治体の政策を変えさせたこと」

90年代に入って干潟の保護運動は全国的に広がり、千葉県が計画していた江戸川放水路河口近くの干潟「三番瀬」の埋め立て計画が焦点になってきた。計画の中止を求める署名運動は最終的に30万筆を超えた。

2001年に、三番瀬の埋め立て計画の白紙撤回を掲げた堂本暁子《どうもとあきこ》が千葉県知事に選出され、「住民参加と情報公開の下で三番瀬の再生・保全を進める」という方針を打ち出した。千葉県の臨海開発計画はストップをかけられた。谷津干潟は1993年にはラムサール条約の登録地になった。

東京湾の干潟の埋め立てが強行されていたころ、全国的に干潟は目の敵にされて開発が集中した。伊勢湾の「藤前干潟《ふじまえひがた》」、大阪湾の「南港干潟《なんこうひがた》」、宮城県の「蒲生干潟《がもうひがた》」、沖縄県の「泡瀬干潟《あわせひがた》」などでも、港湾建設や臨海コンビナートなどの造成のために、大規模な埋め立てが行われた。

他方、八郎潟《はちろうがた》（秋田県）、河北潟《かほくがた》（石川県）、児島湾《こじまわん》（岡山県）、有明海（九州北西部）、八代海《やつしろかい》（熊本・鹿児島県）などの干潟、浅海域、汽水域では、農地造成のために広大な面積の干拓が進められた。干拓は水田開発が本来の目的のはずだが、減反政策にもかかわらずつづけられた。干拓事業と減反政策は、農地をつくったのに米をつくらせないという矛盾をはらんだものになった。

1980～90年代にも沿岸の開発はつづき、埋立地には、住宅団地、高層マンション、流通基地、廃棄物処分場などが造成された。2000年代になっても、90年代からはじまった博多湾《はかたわん》人工島の埋め立てや諫早湾《いさはやわん》の干拓などがつづいた。

「3人娘」からはじまった運動は東京湾一帯に広がり、さらにこうした全国各地の埋め立ての反対や野鳥保護にも勇気を与えた。埋め立てられた干潟に比べれば、残された面積はわずかだが、すばらしい自然を残すことができた。

現在、東京湾で潮干狩りのできる場所は15ヵ所、海水浴場は29ヵ所までそれぞれ増えた。千葉、神奈川県の湾口近くに集中している。

干潟の多様な生き物

松林と砂浜が19キロにわたってつづいていた千葉市美浜《みはま》区の稲毛海岸は、東京に近い保養地として明治から昭和にかけて多くの別荘・別邸や保養所が建てられ、島崎藤村《しまざきとうそん》、森鷗外《もりおうがい》らの文豪も滞在している。庶民にとっては、海水浴や潮干狩りの人気スポットだった。

しかし、1968年からはじまった「千葉海浜ニュータウン」の宅地造成のために埋め立てられ、団地や住宅やマンションが建ちならぶ東京のベッドタウンになり、昔の面影はまったくない。

埋め立てた海に代わる全国初の人工干潟造成の計画が持ち上がった。1975年から埋立地の沖合3キロの海底から砂を運び、海岸線に沿って1200メートルの人工浜の干潟をつくり上げた。これが「いなげの浜」だ。この造成には、160万立方メートル、東京ドーム1・3杯分の砂が投入された。一帯には、プール、野球場、ヨットハーバーなどのスポーツやリクリエーションの施設がつくられた。

江戸川区の葛西の海岸は、かつて江戸前の魚介類が水揚げされ、冬場は名産の「葛西海苔」が収穫される豊かな漁村だった。春は潮干狩り、夏は海水浴、秋はハゼ釣り……観光客で一年中賑《にぎ》わっていた。三枚洲と呼ばれる干潟には水鳥をはじめ多様な生き物が多く生息していた。

だが、この海岸にも埋め立ての波が押し寄せてきた。ついに、1962年に漁協は漁業権を全面的に放棄し、埋め立てがはじまった。埋立地に企業が進出してくると、地元民は海に近づくことすらできなくなった。

東京湾の海水浴場は、水質の悪化などから1950年代から次々と閉鎖に追い込まれた。1962年には葛西の海岸で遊泳禁止になったことでついに東京23区内の海水浴場はゼロになった。

この浜で海水浴場を復活させようと行動を起こしたのが、地元で設計事務所と美術館を経営する建築家の関口雄三《せきぐちゆうぞう》だ。葛西で27代つづく旧家の主《あるじ》である。「ここの海で泳ぎ、魚介を採って育った。今の子どもたちに、あのころのきれいな東京湾を残したい」と「ふるさと東京を考える実行委員会」を組織した。

関口は、海岸が汚染され、ごみに埋まり、埋め立てられて海が失われていく光景を見ながら育った。あちこちの浜に「立入禁止」の看板が立った。

東京都は1989年に、干潟消滅に対する代償として412ヘクタールを「東京都立葛西海浜公園」として開園した。公園の一部に残された自然の干潟「三枚洲」を残すために指定され、東京湾ではじめて実現した「海上公園」だった。三枚洲は、湾に流入する荒川と旧江戸川の河口に広がる砂泥干潟で、生き物が残った貴重な場所であり都民が海と親しむ場となった。

東西二つの三日月形のなぎさからなる。東なぎさは立ち入り禁止の野鳥の保護区だが、西なぎさは一般に開放された。しかし水質が基準を超えているとして、遊泳は禁止された。関口は「自分らが生きているうちに、東京湾を泳げる海にしよう」と呼びかけた。さまざまな催しを開催し、10万人を超える署名を集めた。

東京都港湾局と実行委員会はそれぞれ水質を調査し、海水浴場が約50年ぶりに再開された。ただ、海に入ってもいいが、水に顔をつけてはいけないという珍妙な制限つきだった。その2年後には水質浄化が進んだとして、「顔つけ」が解禁されてようやく「完全な海水浴」になった。

海を取り戻した市民らは干潟の復元に乗り出した。これが、約150ヘクタールの「葛西人工海浜」だ。貝類の高い水質浄化作用に目をつけて、カキの稚貝をまいた。さらに、海苔、ワカメ、ハマグリと復活対象を広げていった。研究者の調査でも、本来の干潟の機能を取り戻しつつある。2018年、葛西海浜公園がラムサール条約湿地に登録された。国内で52ヵ所目、東京都では初の登録湿地である。

干潟の生き物たちも戻ってきた。ふたたび海苔ひびの竹竿（写真2-2）が立てられた。

写真2-2　東京湾の葛西海岸に海苔ひびが戻った（「ふるさと東京を考える実行委員会」提供）

葛西臨海公園の隣接の都有地は新たに整備されて、20年の東京五輪ではカヌー・スラローム会場になる。葛西海浜公園の海水浴場再開に触発されて、近くの「お台場海浜公園」でも、伊豆《いず》諸島の神津島《こうづしま》から白い砂を運んで、海水浴場が造成された。

人工海岸は全国的に競ってつくられている。国土交通省港湾局の調査によると、松島《まつしま》港、東京湾、三河《みかわ》湾、大阪湾、瀬戸内海などで約60ヵ所ある。その3分の2までが浚渫土砂を「覆砂《ふくさ》」したもので、購入した砂でつくったものも2割ほどある。過去15年間で減少した約1万ヘクタールの干潟と比べれば微々たるものだ。

東京湾で海水浴場が復活し、干潟の生態系も少しずつ戻りはじめたのは、市民運動の盛り上がりと下水道の普及で水質が改善されてきたためだ。保護運動の台頭により、国内のラムサール条約湿地登録地は37ヵ所になり、主な干潟は保護の対象になった。

鳥類の保護グループは大喜びだったが、干潟の保護に取り組んできた住民側から不満の声も聞かれる。葛西臨海公園では、秋から春にかけて2万羽ものスズガモが飛来し、1羽で1日に1キロの貝を平らげる。せっかく稚貝をまいて増やしてきたアサリは壊滅状態になった。

鳥にも言い分があるだろう。渡り鳥にとっては限られた干潟に集中するしかない。ここで栄養を貯め込まないと渡りをつづけられない。共存するには、まだ干潟が狭すぎるということだろう。

3．多摩川にアユが踊る

多摩川・玉川・多磨川

多摩川の水源は、山梨県甲州《こうしゅう》市の笠取山《かさとりやま》（標高1953メートル）の山頂直下。そこには、「多摩川源頭　東京湾まで138㎞」と書かれた標柱が立っている。水源の小さな流れはいったん土のなかに染みこみ、600メートルほど下流でわき水となって姿を現す。一之瀬川《いちのせがわ》、丹波川《たばがわ》と名前を変え、小河内《おごうち》ダム（奥多摩湖《おくたまこ》）から下流は多摩川として流れ下る。秋川《あきがわ》、浅川《あさかわ》、野川《のがわ》など多くの支川を取り込みながら、東京湾の羽田沖の河口に向かって下っていく。

途中、東京都の西部から南部を通り、神奈川県との境を流れる。全国に109ある一級河川のなかで中程度の川だが、中流域から河口にかけては世界有数の巨大都市の中を抜けていく（図2-3）。

多摩川は護岸化されていない部分が多く、首都圏に残された広大な水と緑の空間であり、

図2-3　多摩川

首都圏の市民に親しまれてきた。上流部は御《み》岳《たけ》渓谷や秋川渓谷に代表される清流と景観に恵まれ、中流部は川辺の野草や野鳥が数多く見られる。流れがゆるやかになる下流部は、広々とした河川敷が広がり公園やグラウンドなどが整備されている。

多摩川の歴史は古い。3万5000年前の旧石器時代に、伊豆諸島の神津島から運ばれてきた黒曜石が府中《ふちゅう》市内で発掘されている。鋭利な刃物をつくることができる当時の最先端素材が、舟で運び込まれていたのだ。さらに、貝塚、住居遺跡、古墳などが数多く見つかった。ややこしい川の呼び名からも、人との関わりの古さがわかる。

『万葉集』所載の歌には「多麻河」として登場する。上流の「丹波川」から転じたともいわれる。江戸時代には同音の字を使って玉川《たまがわ》の名が使われることが多くなった。現在でも、世田谷区南部には、「二子《ふたこ》玉川《たまがわ》」や「玉川浄水」など玉川を冠する地名や道路が多く残るのは、かつてこの地に「玉川村」があったことに由来する。

葛飾北斎は「富嶽三十六景」の「武州《ぶしゅう》玉川」で、多摩川を舟で渡る東海道《とうかいどう》の「六郷《ろくごう》の渡し」を描いた。当時、多摩川の下流域は六郷川と呼ばれていた。

一方で「多磨《たま》」もある。「多磨霊園」「西武多摩川線多磨駅」「府中市多磨町」。これは当地に「多磨村」があったためだ。大ざっぱにいえば、世田谷区南部は「玉川」、府中市東部は「多磨川」、それ以外は「多摩川」となる。

江戸時代に武家屋敷の急増、町人人口の増加などで人口が急増し、飲料水の確保が急務になった。本格的な上水源の「神田《かんだ》上水」（現・神田川）は１６２９年ごろに、神田川を利用してつくられた。その水源は、現在の井《い》の頭《かしら》公園である。しかし、神田上水だけでは不足するようになり、幕府は水源を多摩川に求めた。

１６５４年、武蔵野《むさしの》台地を横断して多摩川と江戸の街を結ぶ用水路、「玉川上水」が完成した。羽村《はむら》（現・東京都羽村市）から四谷《よつや》大木戸（現・新宿区四谷）までの約43キロが水路でつながれた。水を高い所から低い所へ流すという自然流下式だから、工事は難航を重ねた。以後、取水停止までの３１６年間、多摩川は首都の水源として役割を果たしてきた。

多摩川は暴れ川として知られていた。大雨のたびに氾濫《はんらん》を繰り返し江戸時代には数年に１回は堤防決壊などの災害が起きた。明治以降もこれまでに約20回の洪水の被害があった。１９１４年には、度重なる洪水に困り果てた御幸村《みゆきむら》（現・川崎市中原区《なかはら》）の住民が、神奈川県庁に押しかけて知事に直談判《じか》する事件があった。

抗議する市民らが編み笠をかぶっていたので「アミガサ事件」として後世に伝わった。その抗議が実って完成したのが「有吉堤《ありよし》」だ。東京都大田区《おおた》下丸子《しもまるこ》と神奈川県川崎市中原区上平間《かみひらま》の間に架かるガス橋の近くに一部が残されている。

この事件をきっかけに各地で築堤運動が起こり、１９１８年から16年もの年月をかけて、多摩川の河口から久地《くじ》（現・川崎市高津区《たかつ》）までの間に堤防が築かれた。

１９７４年８月、大型の台風16号による大雨のために狛江《こまえ》市で堤防が決壊して多摩川が氾濫、19棟の住宅が流された。「狛江水害」である。洪水に次々とさらわれる住宅の映像がテレビに映し出され、おとなしい安全な川と信じられていただけに衝撃は大きかった。

被災者は、堤防に管理上の問題があったとして国家賠償を求めて提訴した。この「多摩川水害訴訟」は、一審から差戻控訴審まで約16年間（１９７６～92年）に合計４回の判決が出された末に、被災者側が勝訴した。

最終的に裁判所は、この水害は管理者が「災害の発生を予見することは可能であったのに、災害の発生を回避するための対策を講じなかった」として人災であると断罪し、国に5億9000万円余の損害の賠償を命じる判決が確定した。

決壊した堤防の跡（狛江市猪方《いのがた》四丁目）には、「多摩川決壊の碑」が建てられた。山田太一《やまだたいち》脚本、八千草薫《やちぐさかおる》主演で「岸辺のアルバム」のタイトルでテレビドラマ化された。

多摩川の自然を守る会

この水害の背景を追ってみる。1960～70年代、川沿いに若いカップルらが移り住んできた。そのころの多摩川は、水は豊かで清らかであり、都心に近い水遊びの場として親しまれていた。

中・下流の河川敷にはススキやアシが生い茂り、堤防沿いにはニセアカシアの林がグリーンベルトを形成していた。川辺は野鳥や野草や小動物などの自然に恵まれ、市民の憩いの場所であり子育ての場所でもあった。主婦の横山理子《よこやまさとこ》らが中心になって、自然や野鳥の観察会や講演会を開いて住民の意識も高まった。

ところが、1970年に突然、東京都建設局が立川《たちかわ》―羽田間を結ぶ自動車通過道路の建設計画を発表し、その道路の一部が狛江・調布《ちょうふ》地区の多摩川堤防沿いを通ることになった。

突然の発表に驚き、川辺の自然が破壊されてしまうと憂慮した住民、とくに母親である主婦層が中心になって建設反対運動を起こした。

横山らは1970年に「多摩川の自然を守る会」を結成し、「ありのままの多摩川の自然を子どもたちの学びの場にしよう」と自然保護に立ち上がった。私も日本野鳥の会のメンバーらとともに、守る会の活動を支援した。今から考えても、きわめて意識の高いグループだった。

この前後に、多摩川流域では自然保護を訴える団体が次々に結成された。市議会に請願書を提出し美濃部《みのべ》都知事（当時）に陳情して、計画の撤回に追い込んだ。こうした住民からの要求が、やがては環境行政を動かしていく原動力になった。行政の厚い壁にはばまれ、マスコミにもみくちゃにされながら戦いつづけた経過は、横山の編著『多摩川の自然を守る』に詳しい。

運動に拍車をかけたのが、多摩川の汚濁の進行だ。横山は編著のなかでこう嘆いた。

「長女が一歳の夏には、父親と共に多摩川で泳いだ。二歳の夏にはもうためらった。三歳の夏には大人が泳いでも目が痛んだ。四歳の夏には水の汚染によって遊泳禁止となってしまった」

道路問題が一段落したところで、今度は「狛江水害」に直撃された。横山の自宅も目の前で洪水に流されていった。今度は国を相手にする戦いがはじまった。

この訴訟事件は、その後の「公共性」をめぐる議論に大きな影響をおよぼし、同時に生命や健康を守る「公害反対運動」から、生活環境を守るための「環境保護運動」へと意識が広がるきっかけになった。

多摩川の環境を管理していくために、まず必要になったのは指針となる全体計画だ。計画づくりの過程で、京浜工事事務所は市民団体や自治体、学識経験者の意見を聞く場を設け、住民アンケートも実施した。当時の河川行政の手法としては先駆的なものだ。

この運動の結末も、未来を感じさせるものだった。京浜工事事務所と市民側が話し合い、衝突を繰り返した末、1980年に多摩川の未来の設計図ができあがった。両者が歩み寄った結果だった。計画策定の過程で、京浜工事事務所は謙虚に市民の声に耳を傾けた。1975年、市民の声に応《こた》えて、全国ではじめて工事事務所内に河川環境課が設けられた。

市民の側も、それを受けて「絶対反対」の立場の人を説得して、協力体制をつくった。この多摩川方式はその後の全国の河川環境保護のいい先例になった。

全国ではじめて川の環境を管理するために、未来の設計図となる「多摩川河川環境管理計画」がつくられた。さまざまな市民の要望に応える方法として取り入れられたのは、ゾーニングの手法だった。川を場所ごとに、「人工整備」「施設利用」「整備自然」「自然利用」「自然保全」という五つのゾーンに分け、ゾーンごとに開発のルールを決めた。

計画の中には、「市民に河川愛護の念を抱かせるため」の施策を実施することや、「自然環境を守るための調整を行う」ことも記されている。文面からは、「積極的に河川環境保全に取り組む」という行政サイドの心意気も感じられる。それまでの河川行政は、「治水」と「利水」の二つしかなかった。つまり、洪水の防止と水供給を考えていればよかった。ここに新しく「河川環境」という目的が持ち込まれた。

川水の半分が下水

多摩川の流域人口は1960年当時約100万人だった。高度経済成長期に突入して、首都圏への人口集中が加速、都心部では住宅難が深刻になった。郊外にはみ出してきた人口によって、多摩川中下流域の丘陵や農地が住宅地に変わり、その4年後には170万人と70％も人口が増加した。現在は380万人に膨れ上がり、流域の人口密度は全国でトップクラスだ。流域の工業出荷額もこの間に3・5倍に増えた。

水道用水の需要が高まり、家庭や工場からの排水で水質汚濁が目立ってきた。下水道の整備が遅れたまま、多量の生活雑排水が流れ込んだために水質の悪化が急速に進んだ。

汚染がひどくなっていることは、1965年ごろから誰の目にも明らかになってきた。玉川浄水場のある調布取水堰の周辺には、生ごみが腐ったような悪臭がたちこめていた。

写真2-3　1960年代の多摩川の汚染。水面を覆う泡は家庭洗剤が原因（国土交通省京浜河川事務所提供）

下水に含まれていた合成洗剤が、落差のある堰の下で攪拌《かくはん》されて大量の泡を発生させた（写真2‐3）。川面《かわも》を覆った白い泡は1メートルほどにも盛り上がり、風が吹くと付近の道路や住宅街に飛ばされていった。堤防の上には、川を管理していた建設省京浜工事事務所の名前でこんな看板が立っていた。

「このアワは主に家庭洗剤のためです。川をきれいにしましょう」

当時、私は取材していた調布取水堰のすぐ近くの川岸で、異様な光景にぶつかった。川面すれすれに飛んできたスズメが、吹き寄せられる泡にからめ捕られて川に落ち、もがきながら沈んでいった。同行したカメラマンが撮った写真は、新聞の夕刊を飾った。

このころ、多摩川には、「死の川」「病める川」などという不名誉な形容詞がついてまわった。これを加速させたのは、川沿いの住宅街から吐き出される家庭雑排水であり、それに含まれる合成洗剤や水洗式トイレの普及による下水の増加だった。豊かさの象徴が汚濁の原因でもあった。

東京都の資料によると、多摩川の汚濁が１９６５年以後、急激に進んだことがわかる。B(*)ODは、水道の原水としては１〜２ppm以下が「きれいな川」で、５ppmぐらいまでは許容範囲、それ以上は原水として適さない。

とくに10ppmを超えると、水はいわゆるドブの臭いを発するようになるので、これを「悪臭限界」といい、これを超えれば「汚れた川」ということになる。多摩川の原水は１９６２年にすでに水道原水の限界に達し、67年以後BODが急上昇して悪臭限界を超えた。

東京都が１９７１年に発表した「都民を公害から防衛する計画」によると、調布堰での原水と国の基準（かっこ内）を比較すると、アンモニア性窒素は、最高１２０ppm（０・５ppm）と２４０倍もあり、屎尿が大量に流入していることがわかる。

大腸菌（１００ミリリットルあたり）は最高４８０万個（５０００個）で９６０倍。その他の汚染物質も軒並み国の基準を大きく上回っていた。多摩川は首都圏の巨大な下水となっていた。年々悪化をつづける水質は、１９７７年には全国の一級河川でワースト５に入った。

玉川浄水場では、水道原水として汚染の限界を超えていた川水に、多額の費用をつぎ込んで粉末活性炭や塩素やソーダ灰などの化学物質を投入して、無理矢理浄化して飲用にしていたのだ。当時、浄水場で働く技術者は「世界一高い処理費をかけている」と自慢げに話していた。話は逆で、原水をきれいにする方が先じゃないかと反論したのを思い出す。

このころ、多摩川と同じ事態が全国的に現れていた。厚生省（当時）が行った「水質汚濁による水道の被害状況調査」では、全国で１９７０年度の被害件数は、２９２件であり、それまでの10年間で6倍以上に増加した。

アオコなど藻類の大発生、鉱工業排水の流入による有害物質の流入、異臭味物質、着色物質などによる被害だ。経済発展に驀進《ばくしん》する日本は、もっとも大切なはずの飲み水まで犠牲にしたのだ。

（＊）ＢＯＤ　水の汚れ具合を示す指標。水1リットル中の有機物を分解するのに微生物が必要とする酸素量（mg／ℓ＝1リットル中のミリグラム）で示され、値が大きいほど汚れがひどい。5mg／ℓ以下でコイやフナが、3mg／ℓ以下でアユやサケが生息できる。10mg／ℓを超えると悪臭が発生しやすくなる。

取水停止へ

玉川浄水場の取水が止まったのは、１９７０年9月27日だった。この引き金になったのが、カシンベック病という聞き慣れない病気だった。実は私もこの問題に関わっていた。

当時、私は駆け出しの科学記者だった。公害担当で、専門家や当事者を回って話を聞き、内外の文献を貸してもらって勉強し、公害の現場を訪ねるのに夢中だった。そのとき、師と仰いだひとりが東京都立大学（現・首都大学東京）の故半谷《はんや》高久《たかひさ》教授だった。地球化学分野の第一人者で、当時は河川の汚染物質の分析に取り組んでおられた。私は彼の研究室に入り浸っていた。

あるとき、教授の机の上に『日本におけるカシンベック病の研究』という本が置いてあった。千葉大学医学部病理学教室の故滝沢延次郎《たきざわのぶじろう》名誉教授の退官記念出版だった。日本病理学会長も務められたこの分野の権威であることを知った。

教授は「滝沢先生から頼まれて私のところで多摩川の調布取水堰の水を分析したところ、そのなかにある種の有機酸が見つかってね。滝沢先生はこれがカシンベック病の原因になると心配されている」という。

すぐに滝沢に連絡したところ、「体調が悪くて会えないので電話でなら」ということになった。電話では丁寧にレクチャーして、疑問に答えてくれた。その約3ヵ月後にがんで亡くなった。

カシンベック病は18世紀末、ロシアの軍医のN・カシンらによって東部シベリアで発見された、東部シベリアや中国東北地方に多い風土病だ。その後の調査で、患者は約250万人と推定される。小児期にはじまり骨の成長を止める病気で、激しい痛みを伴う。進行すると、関節の腫脹《しゅちょう》や変形、脱臼や骨折などを引き起こす。

滝沢は、満州《まんしゅう》で戦前に調査して泥炭地帯で多くの患者を発見した。さらに国内の北海道や九州のなどの泥炭地帯でも、軽症の患者を見つけた。原因は飲料水に大量に含まれる有機物ではないかと考え、植物に含まれるリグニンという物質が分解する途中にできる有機酸、とくにパラヒドロキシ桂皮酸とフェルラ酸らしいことをつきとめたという。

玉川浄水場近くの小学校の児童を検診したところ、約18%からきわめて軽度ながら症状が見つかった。千葉大学の動物実験では、発生地の水を濃縮して実験動物に注射したあと顕微鏡で調べると、骨端部の組織にカシンベック病とみられる変化があった。そして半谷教授の分析で川水からこれらの有機酸が検出された。

パラヒドロキシ桂皮酸などは不安定な物質で、健全な川の中ではすぐに分解されて無害になる。しかし、調布取水堰は底に有機物が溜《た》まって一種の泥炭地のような条件になり、有機酸が安定的に発生するためではないか、というのが滝沢の意見だった。

記事を書きはじめて躊躇《ちゅうちょ》した。近くに住んで多摩川の惨状を知っている人は、「何があってもおかしくない」と納得はするだろうが、明日から水道を使わないわけにはいかない。なじみのない病名の不気味さ、すでに児童に影響が現れているといえば親がパニックを起こす可能性は大きい。といって、この事実を知らせずに放っておいていいものか。

慎重の上に慎重に執筆し、原稿をデスクに手渡すときには「取材源は長年この病気に取り組み、研究者としても信頼のおける人物です。でも影響を考えると、記事はなるべく小さく扱ってほしい」と注文をつけた。だが、朝刊の1面トップになった。

翌朝から科学部の電話は鳴りっぱなしになった。多くは不安を訴えるものだった。都庁担当の記者からは「都庁は大騒ぎになっている。科学部で責任をとってくれ」と突き放したような電話が入った。

都議会できびしい追及にさらされた美濃部都知事は、調査委員会の結論が出るまで玉川浄水場の一時取水停止を決断せざるを得なくなった。結局、取水の再開はできずに今日に至っている。

だが、カシンベック病に懐疑的な専門家も多かった。日本では滝沢が在籍した千葉大学以外に、この病気をわかる研究者がいなかった。滝沢は生前「他の研究者によって追試してほしい」と希望していた。

都は千葉大学を含め、労働衛生サービスセンターと都衛生局のカシンベック病研究専門委員会の3ヵ所に追試を依頼した。滝沢の死去によって自身の再調査はできなくなった。

千葉大学は2回実験を行った結果、いずれも玉川浄水場の原水では明らかに陽性であり、他の方法で処理をした浄水についても陰性とは断定しがたい、と結論を下した。他の二つの組織の追試では、水道水およびパラヒドロキシ桂皮酸は、動物実験では何ら障害作用を与えなかったとして、ほぼ全面否定した。

この結論を聞いた半谷は、1972年1月東京都知事あてに玉川水道水質調査会委員の辞表を提出し、その理由を3点挙げた。

1. 飲料水の安全性の確認において現在都がなし得る最大の努力を払わずに、都が取水給水を行うことは不可である。
2. 浄水における活性炭処理技術の有効性を過信することは将来に禍根を残す恐れがある。水俣《みなまた》病やイタイイタイ病の病因物質は、当時の科学技術者の予想の外にあった物質であったことは十分考慮さるべきである。
3. 都全給水の4%に相当する多摩川の供給水量の不足は、当面、節水対策の一層の強化、漏水防止の一層の強化によって克服すべきである。

半谷教授の温厚な話しぶりと確固とした信念がなつかしい。改憲の動きに反対する「九条科学者の会」発足（2005年）の呼びかけ人にもなったし、水俣病に関する国会の審議でも証人席に座った。「科学が人類の未来に恐ろしい警告を次々と発しているのに、われわれは科学技術がまだ揺籃《ようらん》期の時代の固定観念に囚《とら》われている」と、環境問題に無関心な研究者を叱咤《しった》した。

この時期、日本の環境はどうなっていたのだろう。汚染がピークになった1970年前後を考えてみたい。こんな事件が相次いだ。1969年、公害被害者全国大会が開催され、水俣病、イタイイタイ病、三池《みいけ》炭鉱の一酸化炭素中毒、森永ヒ素ミルク中毒、カネミ油症などの被害者代表百数十人が参加した。

公害問題は全国各地に広がり、住民運動も日増しに激しさを加えた。被害者の悲惨な健康被害が連日のように新聞やテレビで報道されていた。

東京都新宿区牛込柳町《うしごめやなぎちょう》で住民の血液検査で自動車排ガス中の鉛が蓄積していたことが判明した。福岡県の洞海《どうかい》湾では重金属による海洋汚染が最悪になり、瀬戸内海でも岩国《いわくに》・大竹《おおたけ》海域で汚染がこれまでの最高に達した。

千葉県木更津市では、光化学スモッグによって約5000人がノドや目の異常を訴えた。東京都でも光化学スモッグが発生して、杉並《すぎなみ》区の高校で数十人の生徒が倒れた。静岡県の田子の浦港周辺では、ヘドロから発生した硫化水素ガスで約5000人が頭痛や吐き気などを訴えた。

東京都、秋田、東京の母乳からBHCなどの残留農薬が検出された。東京都の検体には、私の妻の母乳も含まれていた。スウェーデンの文献で母乳の農薬汚染の論文を見つけて、東京都衛生試験所の友人に論文といっしょに母乳を提供した。

結果は平均値を上回る高濃度で、生まれて間もない娘がおいしそうに飲んでいるのを見て、複雑な思いにとらわれた。「環境汚染」が家族にもおよんでいたことを知って愕然《がくぜん》とした。すでに農薬は環境中に広がっていて、農薬に触れたこともない都会の母親の体内にまで食物を通して蓄積していたのだ。

アユが戻ってきた

そのようななかで東京都稲《いな》城《ぎ》市の南多摩水再生センター（2004年4月に「下水処理場」から改称）を皮切りに、多摩川流域に計10ヵ所の水再生センターが整備された。1965年当時、6%だった流域の下水道普及率は1997年には100%を達成した（図2 - 4）。

もっとも汚かった河口に近い大師橋《だいしばし》で観測された河川水のBOD値の変化を見ると、1963年に20ppmに近かった値が、50年後の2013年には0・2ppmと100分の1にまで

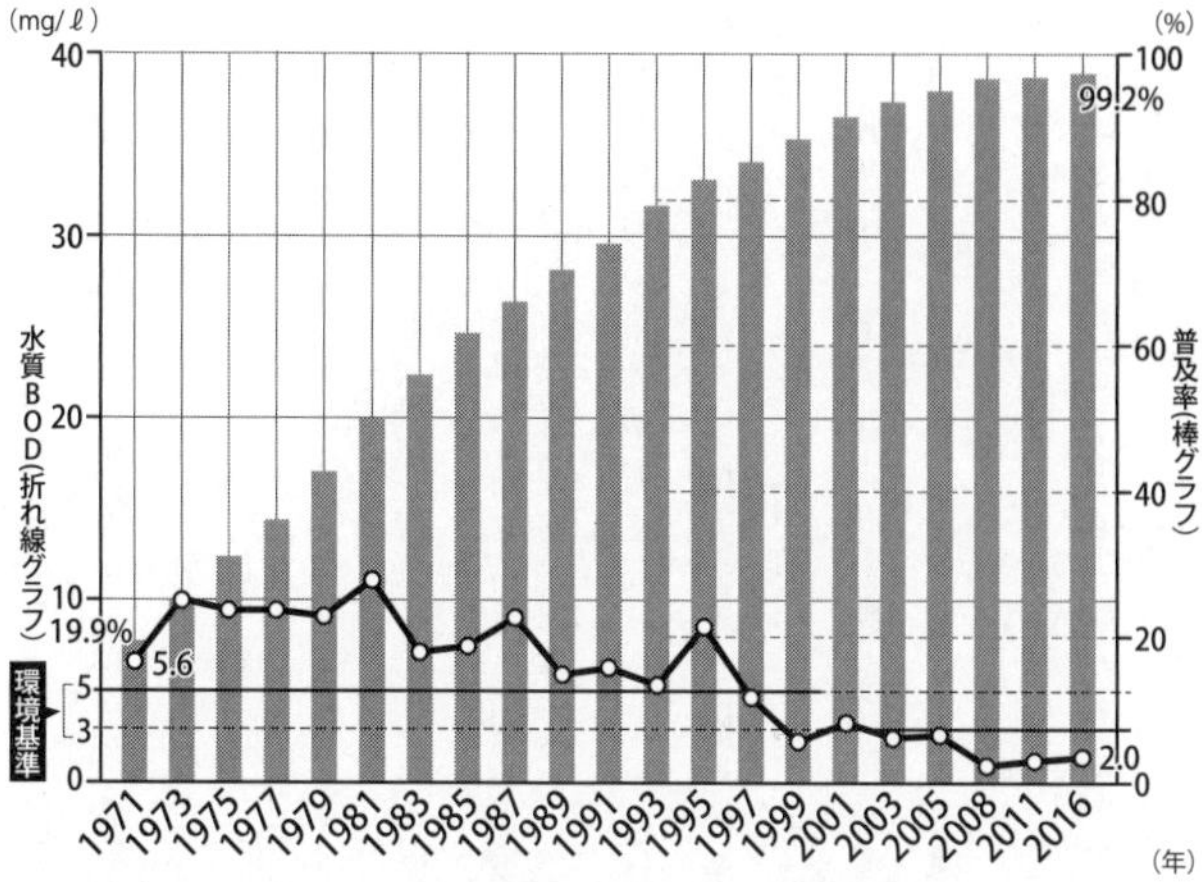

図2-4　多摩川の水質と下水道整備。普及率は多摩川流域の普及率、水質は多摩川原橋の年間のBODの値（東京都環境局、下水道局）

下がって、環境基準をクリアするまでになった。

近年はすべての水質観測地点において、BOD値が環境基準値を下回るようになった。「死の川」と呼ばれた多摩川は、水質が大きく改善されて、水質については昔の姿を取り戻した。

水再生センターからは、年間3億4400立方メートルの処理水が多摩川に流されている。ということは、中下流域の水の約5割から7割が下水の処理水ということになり、家庭の台所や風呂《ふろ》、洗濯、トイレなどで使われた水が多摩川の水量の半分以上を占めている。

最大のニュースは、清流の魚アユが戻ってきたことだ。多摩川のアユ漁は鎌倉《かまくら》時代から文献に登場するが、有名になるのは江戸時代になってからだ。多摩川のアユは、江戸幕府の将軍家にも献上された名産品だった。天然アユが豊富に獲れ、浮世絵でもアユ漁の様子が描かれている。

歴代の将軍や天皇や皇族が、たびたび多摩川を訪れてアユ漁を楽しんでいる。明治時代以降は多摩川の漁は開放され、屋形船によるアユ漁見物などが盛んになった。このころから鵜《う》飼《かい》が行われるようになり、昭和までつづいた。

昭和に入ると大勢の行楽客が訪れるようになり、狛江では鵜飼をはじめ、投網などさまざまな漁法を実演して見せる観光漁業が人気を呼び、川魚料理の料亭も多かった。しかし、70年代にはほとんど釣れなくなった。

稚アユの放流は過去に何回か試みられたが、「多摩川に鮎《あゆ》を呼び戻す会」が1982年に組織的にはじめた。地元の小学校も授業の一環で放流してきた。「東京都島しょ農林水産総合センター」は多摩川河口から11キロの地点の大田区下丸子《しもまるこ》付近に定置網を張って、1983年以来アユの遡上《そじょう》数を調査している。ピークは水温が20℃ほどになる4月下旬から5月下旬だ。しかし、1989年までは網に入るアユはほぼゼロだった。

その後2007年ごろから増えはじめ、2018年の3〜5月の調査では、前年比で6倍以上にもなる推定994万尾だった。これまで2012年に過去最高の1194万尾を記録したが、それに次いで多かった（図2-5）。1983〜2018年のアユ遡上数の年平均は

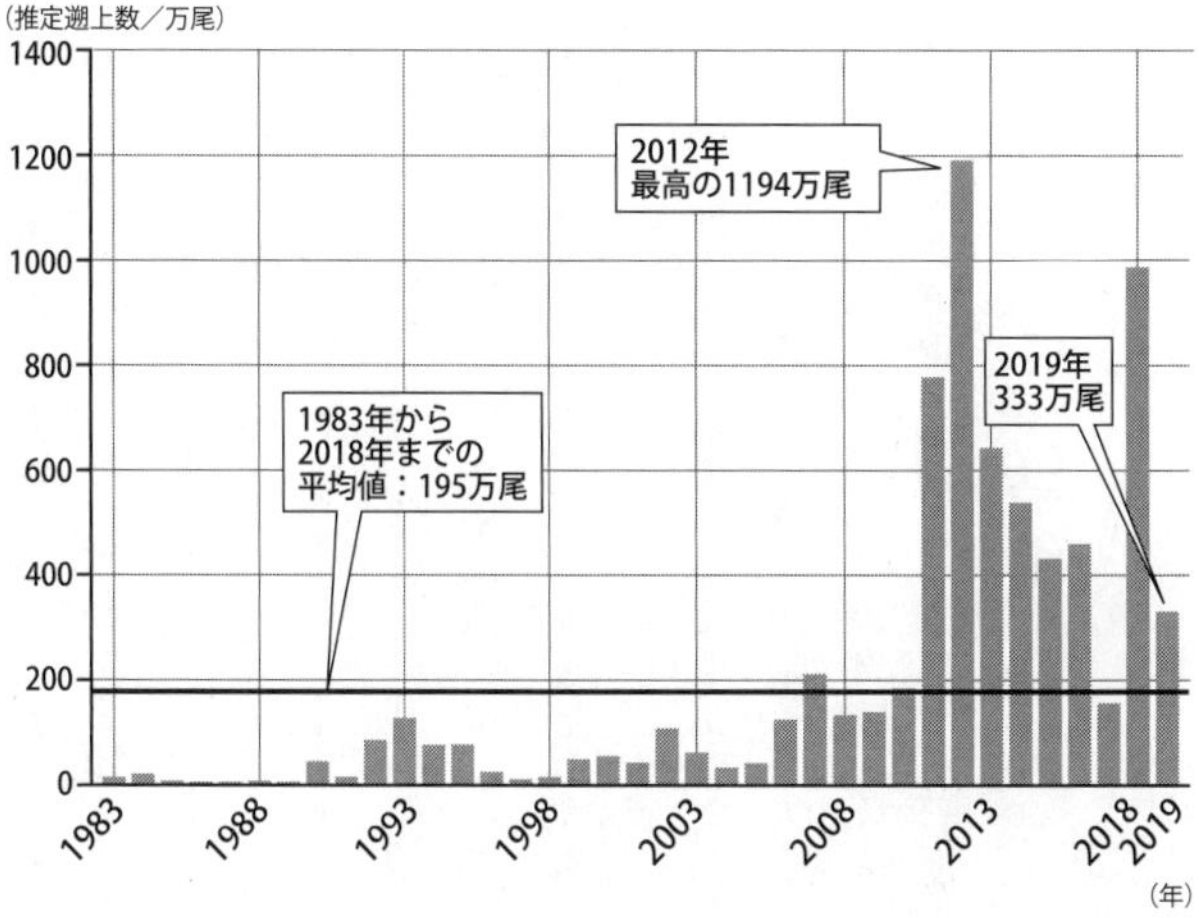

図2-5　多摩川のアユの推定遡上数（東京都島しょ農林水産総合センター）

約１９５万尾になる。２０１９年は３３３万尾で不漁だった。

これだけアユが遡上するようになったのは、水質の改善に加えて遡上を阻む堰への魚道の設置、産卵河床の整備なども大きく貢献した。多摩川の天然アユの遡上がピークを迎えると、川崎市中原区と東京都大田区の間の調布取水堰の急流で水面を跳ねる姿を見ることができる。

アユの後を追って、ほぼ同じ時期にサケの稚魚の放流もはじまった。まだ本格的に回帰はしていないが目撃情報は増えている。２００９年には産卵も確認された。

多摩川は、アユにかぎらず、カワマス、ウナギ、ウグイ、オイカワなど魚種も豊富だ。２００８～13年に都が実施した調査では、合計32種の魚類が確認された。１９７３～74年の同じ水域での調査結果と比較すると、汚濁に強いとされるモツゴやフナ類、タモロコなどが減り、替わって弱いとされるカジカやカマツカなどが増加していた。多摩川水系での水質が改善されたことがうかがえる。

一方で、外来種の魚類も増えている。多摩川で外来魚の監視を続ける川崎河川漁協の山崎《やまさき》充哲《みつあき》は、「外国産のナマズ類、熱帯魚のグッピーやエンゼルフィッシュなど、多摩川でこれまでに見つかった外来魚は２００種を超える」という。

飼っていたペットが手に負えなくなって放されたものだ。特定外来種であるコクチバスの増加も新たな問題になっている。山崎は、南米のアマゾン川になぞらえて「タマゾン川」と呼ぶ。

「下水処理水の影響で、冬でも水温が24℃くらいの場所があり、熱帯魚でも越冬できる環境になった」と山崎はいう。東京工業大学の木内豪《きのうちつよし》教授らの測定でも、２０１０年までの20年間で冬季の川水の水温が平均３℃近く高くなった。家庭排水に含まれる温水の増加が原因だ。「ライフスタイルが、多摩川の水を温かくしている」と木内は話す。水の生き物にとって、1～２℃の違いは大きい。

多摩川での水泳

二子玉川に住んでいた従兄弟《いとこ》と、夏休みになると多摩川に泳ぎにいった。最後は1957年だと思う。川に入ると、しばらくは浅いが中ほどまでくると急に深くなって背が立たなかった。水はひんやりして、川底はぬるぬるしていた感触を覚えている。

その後の多摩川の汚染からみて、私の世代が多摩川で泳いだ最後になるかもしれない、と思っていた。当時の多摩川の河川敷にこんな看板を見たことがある。「よい子は川で遊ばない」

だが、見事に裏切られた。多摩川の上流から下流まで、川で遊ぶ子どもたちの歓声が戻ってきた。川で泳いだり、魚をとったり、カヌーやボートで遊んでいるではないか。こんなことは想像もしていなかった。きれいな水が戻ってきたのだ。

夏になると、付近の小学校の児童がライフジャケットを着て川に入り、先生や保護者が見守るなかで水にプカプカ浮かんでいる。川に浮かんだ後は、岸近くで生き物探しだ。ザリガニ、マハゼ、ヌカエビ、モクズガニ、トンボのヤゴなどを捕まえて観察する。

国土交通省が文部科学省、環境省、教育関係者、市民団体と連携して進めているプロジェクトの「水辺の楽校」の活動が1996年からはじまった。

地元の子どもたちが自然体験や遊びの場として活用できる河川環境をつくり、地域で行う

写真2-4　多摩川で水中の動物観察（特定非営利活動法人「多摩川センター」提供）

水辺での活動を支援しようというものだ。子どもたちが川に親しむ自然体験のイベントが開かれている。多摩川流域では20の「楽校」が活動し、週末には盛りだくさんの催しが企画されている（写真2-4）。

この運動を進めてきた多摩川センターの代表理事、山道省三《やまみちしょうぞう》は「川は危ない存在として、いかに子どもたちを川に近づけないかということばかり考えてきた。多摩川の自然の保全と同時に、その利用を図って、自然体験を通して子どもたちにふるさとの意識をもってもらいたい」と、動機を語る。

多摩川の自然が回復したために、水遊びなどのリクリエーションの場を求めて多くの人びとが多摩川にやってくる。国土交通省の推計では、その数は年間のべ１９００万人近くにのぼるという。釣り人はいたるところで釣り糸をたれる。犬を連れて散歩をする人、サイクリングやジョギング、バーベキューを楽しむ人……。

上流域の渓谷ではカヤックやEボート（カヌー型ゴムボート）で川下りやキャンプも盛んだ。河川敷のグラウンドでは、野球やサッカーで汗を流す人。河口近くの干潟では、家族連れが潮干狩りを楽しみ、バードウォッチャーが双眼鏡で鳥を観察している。

川面を泡が覆い、ドブの悪臭が満ちていたあの多摩川は大きく変わった。人の影が絶えることはほとんどなくなった。一方で、バーベキューの残り物からレジ袋まで、ごみも目につくようになった。しかし、大都会のど真ん中で、せせらぎの音を聞き、飛ぶ宝石といわれるカワセミのキラキラ輝く水中ダイブを見ることができるようになったのだ。

正直いって、多摩川の自然がここまで回復するとは思ってもいなかった。しかし、回復を信じた人たちの活動のおかげでここまできた。今後の環境保護を考えるうえでも、非常に勇気づけられた。

4. 川崎に青空が戻った

かつては田園都市だった

川崎市で公害の歴史をまとめる活動が進められている。京浜工業地帯の中核として高度経済成長を担った川崎は、大気汚染をはじめとする深刻な公害に苦しめられた。その対策に取り組んだ市役所OBたちが、NPO法人「環境研究会かわさき」(井上《いのうえ》俊明《としあき》理事長)を2012年に立ち上げた。公害がひどかった1970年代に、市の公害研究所に勤務した技術者ら20人ほどが参加している。

公害の記録『川崎の環境 今・昔』の冊子は、2014年の「大気編」から、19年の「廃棄物編」まで全4巻が刊行された。記録は1872年(明治5年)の「新橋《しんばし》―横浜間鉄道開通」にはじまり、市内の全測定局で二酸化窒素濃度が環境基準を達成した2014年まで、142年間が対象だ。

井上らは、「川崎には激甚公害をここまで回復させてきた歴史があるのに、資料が散逸し経験も忘れ去られようとしている」と、市公文書館で行政資料を漁《あさ》り、企業の社史などにも当たり、公害対策を担った元職員へのヒアリングを重ねた。「過去を知ることで環境の未来を創造することを目指し、川崎の経験の語り部として後世に伝えていきたい」と設立の目的を語る。

井上は、1970年に市役所に入り一貫して公害・環境行政に関わってきた。東海道線から海側はほぼ市全域が公害病の指定地域になった当時を思い出して、「青空が見えるのは正月の三が日だけといわれ、屋外に干した洗濯物はすぐに真っ黒になった」と当時を語る。

図2-6　京浜工業地帯

工業化・都市化が進む前の川崎臨海部は、かつて干潟など豊かな自然に恵まれた田園地帯だった。文政年間（1818〜30年）に幕府の命令で描かれた「東海道分間延絵図」では、川崎宿付近には田畑が広がっていた。

写真2-5　1967年の川崎市川崎区。工場が立ち並び、煙が空を覆った（川崎市提供）

ケヤキや竹の屋敷林に囲まれた農家が散在し、周辺には古多摩川の流れから取り残されてできた池や沼が点在し、湿地や草原には多くの野鳥が飛び交っていた。ナシ、モモなど果樹の栽培が盛んで、１８３４～36年に刊行された「江戸名所図会」には、「田園ことごとく桃の樹を栽《う》えたために、花のときには紅白色を交えて奇観たり」とある。

他の大都市圏の臨海部と同様に、川崎もまた埋め立てや乱開発で自然海岸が消滅する歴史をたどってきた。川崎の海岸地帯は多摩川が運んできた土砂で、遠浅の海がつづく好漁場だった。明治に入ると海苔養殖がはじまり、次第に拡大され大正初期までには東京湾内でも有数の産地になった。

１９１０年代には工場が進出してきて、臨海部が急速に変貌《へんぼう》していく。ほぼこの時期に、現在の東京・港区では芝浦工業地帯が形づくられていた。そこから安い広い工場敷地を求めて、川崎方面へと工場や人が移動してきた。東京と横浜にはさまれた川崎市はその後、両都市とともに発展してきた。

内陸部や多摩川沿いの工業地帯は、加工度の高い精密機械や電気機械部門が主であり、都市的性格を強めながら発展してきた。それに対して、臨海工業地帯は大規模な埋め立てが行われ、原料・製品などを海上輸送に頼った金属加工を中心とした軍需工業や造船、それに重化学工業が中心だった。

埋立地への進出企業は1920年代以降、日本鋼管、浅野セメントなどの鉄鋼・造船会社だったが、その後、日本電力、東京電燈などの電力会社、石油会社、倉庫会社へと変わっていく。

1931年の満州事変をきっかけに十五年戦争に突入する中で、川崎でも軍需生産が急拡大していき、電気・通信機・航空機関係の企業が移転してきて、重化学工業も軍需生産を拡大していった。

鶴見埋立組合（現・東亜建設工業）は、神奈川県の許可を受けて1913年から川崎地先海面の埋め立てに着手した。また、日本鋼管、浅野セメントなどは自社で埋め立て工事を行った。戦後は公共事業として進められていった。1930年代には製鉄や石油化学の工場が進出して、川崎市は国内最大級の京浜臨海工業地帯に成長した。

人口増加と宅地化・工業地帯の膨張とともに工場労働者とその家族が移り住み、臨海部の人口は急増した。人口増加に伴い、農地が宅地化、市街地化していった。市の人口は1900年当時、5万5000人ほどだったが、1940年には31万3000人に膨れ上がった。

戦前からの大気汚染

川崎市は明治時代以来、「工場誘致」が市の最優先課題だった。そのために、『川崎の環境 今・昔』によると、川崎市の大気汚染は太平洋《たいへいよう》戦争以前から発生していた。それは、1934年に川崎市制10年を記念してつくられた「川崎市歌」の3番に、よく表れている。当時、川崎市のシンボル的な存在だった日本鋼管の煙をうたったといわれる。その後、歌詞が現状にそぐわないとして二度にわたって改定された。

巨船《おおふね》／つなぐ埠頭の影は
太平洋に続く波の穂／**黒く沸き立つ煙の炎は**
空に記す日本／かざせ我等が強き理想を

その後、「黒く沸き立つ煙の炎」は住民を苦しめつづけることになる。１９４０年に市議会は、工場煤煙《ばいえん》被害について内務省など関係当局に意見書を提出した。「川崎市は工業港湾都市として発展を遂げてきたが、昼夜間断なく排出される煤煙による被害は広範囲に亘《わた》り、市民の衛生上憂慮に堪えざるものである」という内容だ。

終戦後工業生産が再開されると、たちまち呼吸器の障害を訴える患者が現れた。戦後復興とともに大気汚染も戻ってきた。戦争終結の翌年の１９４６年、川崎、横浜に居住する米国の進駐軍とその家族の中から、「横浜喘息」「川崎喘息」と呼ばれる激しい呼吸器疾患の患者が出て進駐軍が問題にしはじめた。

１９４０年代末には被害がひどくなり、50年ごろには川崎市大師《だいし》地区の主婦らが「洗濯物が汚れる」として、市に煤塵《ばいじん》対策を訴えた。１９５５年には、観音町《かんのんちょう》で日本鋼管、昭和電工からの煤煙被害による健康被害が現れた。この年、住民が「川崎市煤煙対策協議会」を結成して、市議会に公害防止を訴えた。これを受けて川崎市議会は「公害防止特別委員会」を設置した。

住民の動きに突き上げられた形で、神奈川県は１９５１年、「神奈川県事業場公害防止条例」を制定した。１９５５年には、「川崎市煤煙対策協議会」が公害防止の法制化促進を要望する陳情書を厚生・通産両省に提出した。

神奈川県公害防止委員会は、この年に実施した大気汚染状況の調査結果をまとめ、「川崎の工業地帯の大気汚染は、一般住宅の5倍から10倍も悪い」と発表した。川崎市も月間の降下煤塵量が1平方キロあたり約48トンで、全国の都市の中で最大であることを明らかにした。

この背景には工場の急増がある。1955年に623ヵ所だった市内の製造業（従業員4人以上）の事業所数は、10年後に2026ヵ所へ、8万人余りだった従業員数も20万人へそれぞれ急増した。

1957年には、神奈川県と川崎市が対策を話し合い、国が積極的な公害防止対策を講じるよう六大工業都市に呼びかけて、国会に働きかけることを申し合わせた。終戦後わずか10年余で川崎市の大気汚染はここまで悪化し、住民が反対運動を起こさねばならないほど追い詰められたことに驚かされる。

1960年代に入って、石炭から石油への燃料転換が進むのにつれて、川崎市の臨海部に立地する京浜臨海工業地帯の煙突群からは、大量の二酸化硫黄が排出されるようになった。黒い煤煙に代わる「白いスモッグ」といわれた。川崎市観音町の主婦らが立ち上がり、「公害防止条例制定運動」を起こし、これに川崎地区の労働協議会が加わった。1万2000人の署名を集めて陳情、「公害防止条例制定運動」を起こした。市議会で一度は否決されたものの最終的に可決された。

川崎市内には、大気汚染防止法上の規制対象工場は六百数十あり、石油コンビナートが排出する二酸化硫黄は、市内の全規制対象工場全体の約67％を占めていた。東京都大田区から、川崎市、横浜市に広がる京浜臨海工業地帯では、灰色、白、赤などさまざまな色の煙が巨大な煙突から吐き出されていた。１９６４年に厚生省が調査した全国各都市の大気中の硫黄酸化物濃度では、川崎市川崎区と周辺地域がワースト１になった。

１９６７年、当時の金刺《かなさし》不《ふ》二《じ》太《た》郎《ろう》市長は、新春の例会でこんなあいさつをした。

「最近の川崎市政は、工業生産額は２０００億円を超えて全国第４位、川崎港の貨物取扱量は、１４００万トンを突破して全国第２位になった。川崎港の建設がいよいよ進み、埋め立てに着手するなど、一段と市政躍進の基礎が築かれることとなる」

その当時、京浜臨海工場地帯は高度経済成長の牽引《けんいん》車として、川崎市は政令都市の10大都市に名を連ねるまでに成長した。「煙突千本」と称され、「川崎の繁栄は煙突のお陰」との意識も強かった。

国の大気環境基準が公布された１９７２年、最終的に東海道線以東の全域が公害病指定地区になった。川崎市における公害病とは、「慢性気管支炎」「気管支喘息」「喘息性気管支炎」「肺気腫」など、いずれも大気汚染が原因の呼吸器疾患である。しかし、住宅地にまで煤煙と騒音が広がって国の公害病の認定患者は急増し、１９７３年６月１日現在、川崎市で

1346人（うち49人死亡）にのぼり、川崎市独自の認定地区である幸《さいわい》区は210人（うち5人死亡）になった。

独自の環境規制

金刺市長は、1971年の市長選で8期目を目指したが、大気汚染などの公害悪化が争点となって、「青い空、白い雲を取り戻せ」と訴えた元市労組委員長の伊藤三郎《いとうさぶろう》に敗れた。革新系市長の誕生で、川崎市の環境行政は大きな転機を迎えた。

隣の横浜市では革新の飛鳥田《あすかた》一雄《いちお》市長（在任1963〜78年）が誕生していて、火力発電所の煤煙規制、製鉄所の沖合移転などの公害対策でも腕を振るっていた。全国各地で生まれた革新首長の多くは、公害・環境問題を背景に選出され、公害政策を進める上でも重要な役割を演じた（第三章3）。

革新市政のもとで、川崎市は1972年に新たに「川崎市公害防止条例」を制定し、国に先駆けて工場ごとに排出総量を規制する「総量規制」を導入した。この新たな条例では、大気汚染物質のなかでも人体への影響の大きい硫黄酸化物、粉塵（10ミクロン以下の粒子）について、国の環境基準より厳しい環境目標値を定めた。

この目標を達成するために、川崎市内を南部、中部、北部の3地区に分け、排出される大気汚染物質に関して地区別に許容できる排出総量を設定した。排出する工場に対しては地区別許容排出総量が維持されるように、これらの大気汚染物質の排出規制基準を設定した。

　この川崎市独自の総量規制方式は「川崎方式」と呼ばれ、当時全国一きびしいといわれた。この方式は、多くの自治体に影響を与えた。研究拠点として市公害研究所も完成し、その後拡充して２０１３年に「川崎市環境総合研究所」に衣替えした。

　１９７２年に「公害監視センター」も完成した。総工費およそ5億２０００万円をかけたセンターは、市内7ヵ所の大気汚染自動監視システムの測定値と、二酸化硫黄の主な発生源である市内大手42工場で排出されるガスの濃度などを、自動的に監視することができた。

　センターと同じデータが、市役所前に設置された「大気汚染状況電光表示盤」に表示され、リアルタイムで一般市民に公表された。私も見物に出かけたが、大気汚染の状況を刻々表示する試みは新鮮だった。まさに、時代の象徴に思えた。

　このころ、市に取材に出かけて半日も滞在すると、Yシャツの襟や袖口《そでぐち》に黒い輪ができた。「鼻毛が伸びたような気がする」と、仲間内でいいあったものだ。

　一連の規制が功を奏して、二酸化硫黄の排出総量も環境濃度も１９７９年に市内全域で環境基準値以下になった。井上は２０００年代に入って念願の「青い空、白い雲」が増えてきたと実感している。最近では、小学生に「川崎を色で表すと何色」と質問すると、ほとんどが「青い色」と答えるという。

この1970年代の後半からは、工場の排煙に自動車排出ガスによる大気汚染が加わった。市民は工場と自動車の挟み撃ちにあった。東名《とうめい》高速、首都高速横浜・羽田線、第一京浜・第二京浜・第三京浜、国道246号と、市内を縦横に貫く幹線道路が発生源だった。

それまでは工場の排出する二酸化硫黄が主たる発生源だったのが、幹線道路で排出された二酸化窒素やSPM（浮遊粒子状物質）、さらにPM2.5が加わってきた。大気汚染による被害は、コンビナートを抱える臨海部の川崎南部地域に集中していたものが、市全域に広がってきた。

二酸化硫黄対策が一段落したところで、自動車が主たる原因の窒素酸化物と向き合うことになったが、燃焼に伴う窒素酸化物の発生をコントロールすることは難しかった。川崎ではディーゼル車の対策などに取り組んだが、通過車両が多いために効果は薄かった。

1973年に国が新たに窒素酸化物の環境基準を設けたとき、産業界が「基準値が厳しすぎる」と環境庁に圧力をかけて、基準を緩和させてしまった（第二章1）。多くの自治体に混乱が広がったものの、川崎市は敢然として以前の基準を守りきった。

川崎市は、1974年窒素酸化物の総量規制の諸基準を設定した。総量規制の方式は、硫黄酸化物対策と同じように地区別の許容排出総量規制の手法を踏襲した。環境目標値は国よりきびしい一時間値の一日平均値を0・02ppmとし、中間目標値の達成時期を1978年とした。

だが、自動車交通量の増大などの影響から、これを達成することはできなかった。さらに1999年に「川崎市公害防止条例」に代わる「川崎市公害防止等生活環境の保全に関する条例」を公布した。大気汚染物質のうち、窒素酸化物と浮遊粒子状物質についても環境目標値を改めて規定し、その達成のために対策上の目標値を定めるとともに、工場・事業場に対して許容される大気汚染物質の排出総量を併せて定めた。窒素酸化物の基準は2013年にクリアすることができた。

2008年に公害部が環境対策部に改称され、川崎市役所から「公害」を名乗る部局は姿を消した。

公害病患者の証言

「もともと川崎の『公害』は世にも不息議な犯罪です。何者がその元凶であるのかということは誰の目にも歴然としていて、しかも市も県も国も犯人を目の前にして野放しにしているということです。今の世で最もいまわしい犯罪人を追いつめ、その責任のもとに大気の汚れをなくし、その被害の補償をさせる戦いに参加することを熱望します」

初代川崎医療生活協同組合理事長の故岡田久医師《おかだひさし》は『川崎から公害をなくすために』（1970年）のなかでこう訴えた。岡田は1951年に左翼を追放するレッドパージで職場を追われ、自動車会社を解雇された労働者たちが解雇手当や退職金を出し合ってつくった、大師診療所の所長に就任した。「医療に貧富や民族の差別があってはならない」というのが信念だった。

当時の貧しい労働者の間では結核がはやっていたが、一段落すると公害病患者がやってくるようになった。岡田は「重症の肺気腫がやけに多い」といぶかっていた。

その患者のひとりで、「川崎公害病友の会」（現・川崎公害病患者と家族の会）初代会長の故斉藤又蔵《さいとうまたぞう》を、1982年3月19日付朝日新聞の「天声人語」は次のように取り上げた。筆者は故辰濃《たつの》和男《かずお》記者である。

「八月二五日、北東ノ風小雨、吸入午前三時十分、四時半、九時一〇分、午後四時半」。ここまでノートに書いた斉藤又蔵さんは、やがてこの日6回目の激しい発作におそわれ、吸入器を口にくわえたまま死んだ。6年前の話だ。69歳で亡くなるまで、詳細な公害日誌をつけていた。8月中の吸入回数は、154回、それは同時に、痛苦の発作の回数でもあった。生前の斉藤さんは、「企業優先でほったらかされている人間をどのようにして取り戻すか、それをよく考えてもらいたい」と訴えていた。

当時、私は公害病患者から直接話を聞きたいと思って、大師診療所で患者を紹介してもらった。1975年当時76歳の男性だった。ほお骨が浮き上がり青白い顔だった。横になるとつらいといって、椅子に座っていた。15年前ころ体調が悪くなって朝起きるとたんや咳《せき》が止まらず、喘息と慢性気管支炎と診断された。市の嘱託の仕事もつづけられなくなった。

公害病に認定されるまで、毎日数千円を払って治療を受けた。それまで2000回以上も注射を打ち、「見てみい。ヤクの常習者なみだろう」と差し出した両腕は注射痕《こん》で皮膚が硬くなり色が変わって、針を刺すところもないと語った。

話していても何回となく咳《せ》き込み、マフラーのように首に巻いたタオルで口をぬぐった。「オレが何をやったというんだ。なぜこんな目に遭わねばならんのだ。人生は闘病と闘争で終わってしまった」と繰り返していた。

日本の繁栄は、このような犠牲者の上に築かれたのか。公害病患者の実情に疎かった自分の無知を改めて思い知った。

川崎市は独自の公害病認定と医療費負担を実施するなど、公害対策に手は打ってきたが認定患者は急増していった。1985年度には5052人まで増加して、死者は787人にのぼった。とくに高齢者や子どもらの弱者に集中した。公害病患者を中心に「公害病友の会」が結成された。

小児喘息の患者のために養護学校までつくられた。1973年8月に、公害病に認定された小中学生を対象に、川崎市がはじめての「おいしい空気の中で夏休みぜんそく教室」を富士山麓で開いた。参加した65人の子どもたちは、スモッグのない「富士緑の休暇村」で、3日間を野外学習やリクリエーションで過ごした。この報道は美談仕立てになっているが、何かおかしい。誰が子どもたちを蝕《むしば》んだのか。

公害訴訟ー勝利の和解

患者とその家族は1970年に「とりもどそう 青い空」をスローガンに「川崎公害病友の会」を発足させた。患者と家族、公害病で死亡した患者および自殺した患者の遺族128人は1982年3月18日、横浜地方裁判所川崎支部に東京電力などの企業と、首都高速道路公団と政府を相手どって訴訟を起こした。総額26億3000万円の損害賠償と環境基準を超える大気汚染物質の排出差し止めの要求である。

これが「第一次訴訟」である。このあと1983年から88年にかけて、第二次から第四次まで追加提訴がなされ、原告は約４００人に達した。
原告側は訴状の中で、３点を主張した。

①　国は地域住民の健康被害の発生に全く顧慮することなく、積極的に臨海工業地帯の形成に加担した。
②　国は大気汚染物質排出の適正な規制措置を怠り、原告らの被害を拡大した。
③　被告らは一体となって事業所の操業、道路の自動車走行への供用を開始、継続して有害な大気汚染物質を大量に排出してきた。

原告となった患者は「夜が来るのが恐ろしい、咳と発作が夜中に襲ってくる」「大勢の公害病患者が苦しみながら死んでいく。私たちの要求は人道的に正当性のある戦いだ」と訴えた。

被告らは１９９１年の弁論で、「川崎公害病患者の訴えは公害病でなくて、心臓喘息や肺結核によるものだ」という偽患者論を展開して、「タバコの吸い過ぎやアレルギー症状だ」と終始原因をすり替えようとした。

１９９４年１月25日、第一次訴訟の判決が下った。裁判長は原告１２８人の８割に当たる１０６人については、工場排煙中の二酸化硫黄と公害病との因果関係を認め、「共同不法行為は成立する」として、東京電力、東燃、昭和電工、ゼネラル石油などの被告企業12社に対し、総額約4億6300万円を連帯して支払うよう命じた。

また工場からの排煙と道路（自動車）からの排ガスとの間には一体性を認めることはできないとし、排ガス中の二酸化窒素との因果関係は認められなかった。原告側は被告企業12社には損害賠償で勝訴したものの、道路公害についての請求は却下された。

第二次〜第四次訴訟に対する判決では、第一次訴訟では否定された二酸化硫黄・二酸化窒素・浮遊粒子状物質と健康影響との因果関係を認める画期的なものとなり、国と首都高速道路公団に対して賠償を命じた。この判決後、原告弁護団は「加害企業に勝訴」の垂れ幕を掲げた。川崎訴訟原告団・弁護団との交渉により、国は「川崎南部地域の道路改善のための道路整備方針」を発表した。

これらの判決に対して、原告・被告がともに控訴したが、1996年に企業、1999年に国・首都高速道路公団とそれぞれ東京高等裁判所で和解が成立した。結果的に原告の勝利だった。企業側から解決金、31億円が原告に支払われ、公害防止対策努力が盛り込まれた。

この判決では、被害が「現在進行形」であることが強調された。さらに、国・公団の設置・管理責任と同等の責任が、神奈川県と川崎市にもあると判示した。川崎市は、県道・市道から50メートルを救済範囲とした判決内容を検討するため、その範囲を地図上に落とした。

その結果、川崎区、幸区は全面的に汚染地域に入った。その結果、「現在進行形」の被害に対応する医療費救済に踏み切った。

川崎市の現在

市が毎年行っている「かわさき市民アンケート」の「生活環境の満足度」は、２０１９年の調査で「空気や川、海はきれいか」の問いには52％が、「公園や緑の豊かさは」については68％が、「満足」「まあ満足」と回答している。２００８年の同様調査では、41％と60％だったから、環境への満足度は上がっている。

川崎市のホームページには「お国自慢」が満載されている。川崎市は全国の政令指定都市の中では面積は最小だが、人口は都道府県庁所在地以外の市の中では最大。国内６位である。人口は１５２万人を超えて神奈川県内では横浜市に次いで多い。政令指定都市ではもっとも財政に余裕がある。

東京の衛星都市としての性格が強く、東海道線、京急線、京王線、東急東横線、東急田園都市線、小田急線などの通勤路線を通じて、東京都心部とのつながりが強い。かつての公害都市は、環境がよい魅力的な街に生まれ変わった。製鉄所、化学工場、電機工業などに代わって近年では、先端技術の研究所なども多く進出してきた。

日本の将来人口は暗い予測が多いが、川崎市のこの10年間の人口増加率は12％近くあり、政令指定都市の中では第1位。今後とも人口は増えつづけて２０３０年には１５８万人を超えると見込まれている。

出生率も婚姻率も生産年齢人口の割合も、政令指定都市と東京23区のなかでナンバーワン。保育所の待機児童はゼロ。小学校6年生までの医療費が基本的に無料。中学も完全給食。大都市統計協議会のデータでは、川崎市は大都市の中では刑法犯の発生率も交通事故発生率も、もっとも少ない。

有名住宅情報サイトのランキング調査で、「住みたい街」「家を借りて住みたい街」「今後値上がりしそうな街」「子育て環境に恵まれた街」などのカテゴリーで、上位にランクインしている。これらも、環境を守る闘いの成果なのだろう。

5. ブナの森が残った

ブナ林を救え

「世界でもっとも美しい森は」と問われれば、迷うことなく「東北地方のブナ林」と答える。各国の代表的な森林を訪ねてきたが、ブナ林ほど美しい森はなかった（写真2 - 6）。春は、黄緑色の新芽が光を反射してキラキラ光る。雪解けとともに、山裾《やますそ》から山肌を染め上げながら新緑が駆け上る。そして、山も谷も黄金色に包み込む秋。雪のなかにどっしりと腰を落とし、大きく枝を張った真冬の姿もいい。

土屋典生《のりお》（故人）に連れられて、友人らとともにブナ林を歩き回るのにはまっていた。とくに、年に何回か山形県の朝日《あさひ》連峰やそれにつづく飯豊《いいで》連峰に通っていた。土屋とは山で偶然知り合って親しくなった。彼はブナ林に取り憑《つ》かれたひとりだった。厳冬期を除いて、東北のブナ林のなかでほぼ自給自足に近い生活を送っていた。メタボの体を引きずって秘境のブナ林を訪ねることができたのは、彼のおかげだ。

写真2-6　ブナの原生林（PIXTA）

いつも、朝日連峰のふもとにある志田《しだ》忠儀《ただのり》（故人）の家を拠点にしていた。彼は「最後のマタギ」（伝統的な猟師）といわれていた。

1970年の5月のことだった。「志田さんの家に泊まっているのだけど、裏山のブナ林がえらいことになっている」と土屋からせっぱ詰まった声で電話が入った。会社をずる休みして駆けつけた。

待ち構えていた二人とともに現場に入ると、ブナ林が無残な姿をさらしていた。山肌がバリカンで刈り込まれたように、尾根筋以外は皆伐されあちこちに落とした枝が山のように積み重なっていた（写真2-7）。

志田の家に泊まるとき、いつも探索に出かけたブナの原生林だ。志田に密《ひそ》かに教えてもらって、ブナの巨木に巣をかけたクマタカを

写真2-7　林道沿いに少し残し、あとは皆伐されたブナの林（姉崎一馬撮影）

見たのは、忘れられない思い出だ。翼を広げると170センチにもなる国内で最大級の幻のタカだ。

春には、斜面を彩るカタクリやニリンソウのお花畑を眺め、秋にはキノコをとりにいった。だが、そのあたりは景色が一変していた。クマタカの巣があったブナの大木もどこにあったかわからなくなっていた。

志田は1916年に大井沢《おおいさわ》に生まれ、クマ猟や山菜採りで生活していた。山小屋の管理や遭難救助隊員としても働き、ヒマラヤのマナスル峰に登頂した槇有恒《まきありつね》（故人、元日本山岳会会長）ら高名な登山家や、大学の研究者からもガイドとして頼りにされた。

いろり端で彼から聞く山の話が何よりも楽しみだった。野生動物や森の知識には圧倒された。住民が二百数十人しかいない山里の大井沢には自然博物館があり、収蔵品の大部分は志田が収集したものだ。世界で標本が二つしかない冬虫夏草（キノコの一種）もある。

志田と土屋と私の3人で、どうしたら伐採を止められるか堂々めぐりの話し合いがつづいた。

すでに伐採が終わった標高の高いブナ林の跡地では、異常事態が発生していた。付近の沢の水が涸《か》れるようになった。「ブナ林の水筒いらず」といわれるほど、ブナ林はいたるところに水が湧いている。そのあたりでは山菜は採れなくなり、クマは餌を求めて山を下りてくるようになった。山の幸に依存してきた地元民の生活も脅かされはじめた。

志田ら町民は伐採の制限を町長に掛けあい、地元の営林署（現・森林管理署）に何度も足を運んだが、のらくらした答えしか返ってこなかった。だが、その後も伐採はつづいた。

志田は2016年5月に101歳で亡くなった。その2年前には自叙伝『ラスト・マタギ』を出版した。そのなかに昔の思い出話が出てくる。

1950年にこの一帯が磐梯《ばんだい》朝日国立公園に指定されたころ、「家から一歩外に出れば原生林がうっそうと生い茂り、ブナは斧や鋸でいくら伐っても伐り尽くせないと思っていた」という。

そこに、1960年代に入って、チェーンソーを持った林野庁の下請け労働者がやってきて、伐採量はいきなり膨らんだ。わずかな間に、標高1000メートルほどまでが一部を残して皆伐されてしまった。

開発の波に呑まれる山里

この東北の山里は、大きな開発の波に呑《の》み込まれようとしていた。1950〜70年代、戦後の復興がつづいて木材需要が急増していた。しかし、戦争中の乱伐のために森林は荒れるのにまかされ、木材の不足から価格は高騰した。

政府は木材生産を増やすために「拡大造林政策」を打ち出した。ブナなどの広葉樹の天然林を伐採して、跡地をスギ、ヒノキ、カラマツなど生長が早く、経済的に価値の高い針葉樹の人工林に置き換える政策だ。林野庁は木材の需要増と高騰はつづくとみて、この政策を強引に推し進めた。

この時期は「エネルギー革命」と重なった。当時の家庭燃料は木炭・薪《まき》・石炭だったが、この時期には電気・石油・ガスに大きく切り替わりつつあった。もともと農家周辺の里山は、薪炭や堆肥《たいひ》原料の落ち葉、家畜の飼料などの生活資源の供給地だった。エネルギー革命によって薪炭はエネルギー源の座から滑り落ちた。

里山でも、雑木林の価値が薄れたため伐採され、スギやヒノキの針葉樹に置き換える拡大造林が急速に進められた。当時はスギやヒノキの木材価格の急騰から、造林ブームが起きていた。これが今日のスギ花粉症の流行を招く原因でもある。わずか30年の間に、現在の人工林の総面積の約1000万ヘクタールのうち、約400万ヘクタールが造林されたことになる。

この木材の需要を賄うために木材輸入の自由化が段階的に進められ、1964年には全面的に自由化された。外材は国産材と比べて安くかつ安定的に供給できることから、輸入量は増大していった。

しかも、家屋の建築工法が在来の柱を組み立てる「軸組工法」から、板を張りめぐらせた「ツーバイフォー工法」に変わりつつあった。高気密・高断熱で耐震性に優れて建築費も安いことから人気が高まった。このために、ヒノキの柱材よりも熱帯材を貼り重ねたベニヤ板の需要が高くなった。

外材の大量輸入は、国内の森林破壊を海外に「輸出」する結果を招いた。あくなき木材輸入は戦後復興とともにはじまった。まず、1960年代にフィリピンの山を伐り尽くすと、次にインドネシア、マレーシアのサバ州やサラワク州、パプアニューギニアへと、新たな産地を求めて移動していった。国際社会から「伐り逃げ」として批判が集中した。

しかも、1970年代前半には変動相場制に移行し、1ドルが360円の時代は終わった。

その後、円高が進むのにつれて輸入品は安くなった。この影響で、1980年ごろをピークに国産材の価格は続落して、日本の林業は慢性不況に陥った。

1955年には木材の自給率が9割以上であったものが、一時は2割以下にまで落ち込んだ。現在でも、国土面積の3分の2を森林が占める森林大国が、木材の7割近くを海外に頼る異常な事態がつづいている（図2‐7）。

一方、「はじめたら止まらない」公共事業のように、拡大造林政策は見直されることなくつづけられ、1996年になってようやく終止符が打たれた。あとには、膨大な人工林と借金だけが残った。

志田が私たちに救援を求めたのは、まさに拡大造林が強引に推し進められているときだった。ちょうど1971年に、全国の85もの団体が集まって「全国自然保護連合」（荒垣秀雄《あらがきひでお》会長）を結成して、運動の全国展開を図っていたころだ。

結成の会合に参加してこうした動きを知った志田は、その直後に「朝日連峰のブナ等の原生林を守る会」を結成した。私たちもその東京支部を結成して、日本自然保護協会など多くの団体を巻き込んで運動を全国規模に広げていった。

当時、志田が山形県知事に面会して伐採中止を申し入れたとき、「ブナを伐るな、なんて

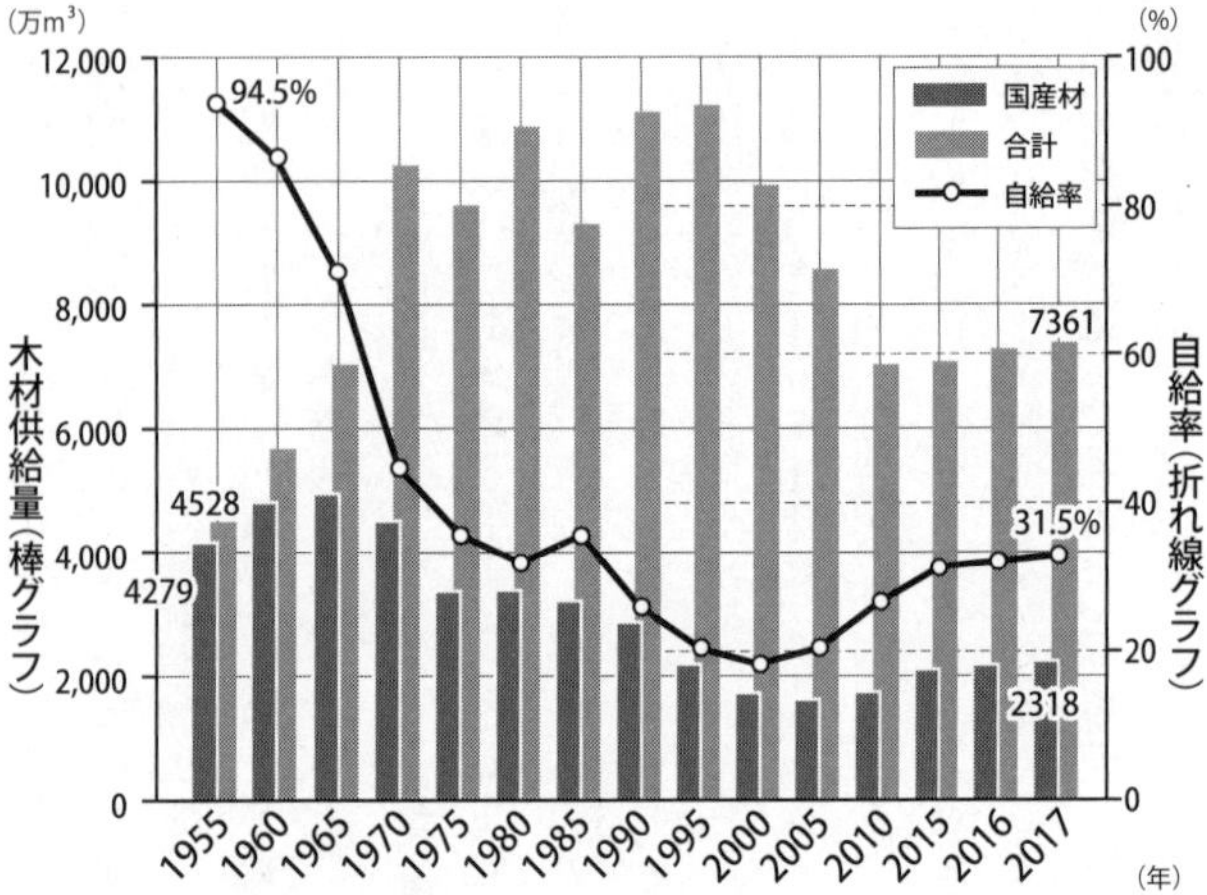

図2-7　日本の木材供給量と自給率の推移（林野庁）

いうのは頭がおかしくなったのか」とにらめつけられたという。だが、志田らは林野庁長官にまで直談判《じかだんぱん》した。国有林伐採反対は全国に広がって、最終的に伐採は１９７６年に止まった。

志田とともに立ち上がった地元の人びとの勇気も、忘れるわけにはいかない。それまでは、林野庁の下部機関の営林署が絶対的な権力を振るう国有林の集落で、地元民が「お上」にたて突くことなど考えられなかった。実際に、地元で伐採反対に立ち上がった村人に、キノコ栽培用の原木を国有林内で伐採することを禁じた営林署もあった。

ブナは「橅」「椈」「柏」などの漢字があてられるが、「橅」が使われることが多い。これは和製漢字（国字）で、ブナは腐りやすく歩合（木材として活用できる割合）が低いことから「分の無い木」という意味でこの漢字がつくられたという。

ブナは材の木目は美しいが、加工してからの狂いが大きいのが難点とされた。20世紀の後半までキノコ栽培の原木や薪が主な用途だった。それ以外には、ベニヤ材、玩具《がんぐ》材、楽器の鍵盤《けんばん》などに用いられてきた。ブナ材が家具やフローリング材に用いられるようになったのは、加工技術が進んできた近年のことだ。

屋久杉の伐採を解禁

このブナ林の大量伐採が、日本の森林保護運動の引き金になった。ブナ林は北海道南部から鹿児島県まで分布し、日本の天然林面積の17％を占める。日本の温帯林を代表する落葉広葉樹林だ。樹高が約30メートルに達する。近年では、34の自治体が「市町村の木」に指定しているほど人気がある。この多くは、ブナ林の保護運動をきっかけに指定されたものだ。

森林伐採に反対する運動は全国に広がっていった。１９７７年には北海道の知床《しれとこ》国立公園内の国有林で伐採反対運動が起きた。その運動の一環として、町長が全国に呼びかけ、賛同者が土地を買い上げて植林する「１００平方メートル運動の森・トラスト」がはじまった。私も「地主」のひとりだ。２０１０年には、予定地の１００％を取得し、計約８６１ヘクタールに木が植えられた。いずれ立派な森林となって後世へ引き継がれるだろう。

南の九州では、屋久《やく》島のスギの保護運動が起きていた。島には樹齢1000年を超えるスギの巨木が点在する。屋久杉の伐採は16世紀に遡《さかのぼ》るほど長い歴史がある。江戸時代には、短冊《ざくがた》形に加工した板が屋根材として年貢代わりに出荷された。樹脂分が多く腐りにくい屋久杉は、建築資材として人気が高かった。

林野庁は1957年、屋久杉の立木の伐採を解禁し、1960年代から屋久杉の伐採がはじまった。斜面を丸裸にする皆伐方式によって原生林が伐られていった。伐採量がピークに達した1966年に、樹齢4000年とも推定される縄文杉が発見され、にわかに脚光を浴びるようになった。

貴重な巨木が伐り倒されるのに危機感を抱いた地元民や島の出身者たちが、1972年に「屋久島を守る会」を結成して保護活動を開始した。しかし、当時の屋久島は伐採が主産業であり、活動は孤立無援だった。当時、林業関係者から「山眺めてめしが食えるか」と詰め寄られた伐採反対活動家もいた。

ところが、1979年には過伐による土砂災害が相次ぎ、80年には石油備蓄基地の建設計画が浮上した。日本学術会議も政府に計画の見直しを勧告した。乱開発に対する島民や支持者の反発が高まって、1973年に町議会は「屋久杉原生林の保護に関する決議」を可決。

国に伐採の中止を求めた。しかし、屋久杉は伐られつづけた。２００１年になって、屋久杉伐採はやっと幕を閉じた。

原生林の残る一帯は１９８０年にユネスコの「人間と生物圏計画」の「生物圏保存地域」に、１９９３年には「白神山地《しらかみ》」とともに日本で最初の世界自然遺産に登録された。

この「白神山地」でも、世界最大級のブナの原生林を縦断する28キロの「青秋林道《せいしゅう》」の建設が進んでいた。青森県と秋田県にまたがるブナの原生林が低地から高地まで残り、「ブナの聖地」として知られる。この山地の東麓《とうろく》は縄文時代の遺跡が数多く見つかっており、豊かな森の恵みを背景に豊かな縄文文化が栄えた。縄文時代の全期にわたる遺跡は全国でも珍しく、ユニークな形状の土偶《どぐう》、翡翠《ひすい》製の勾玉《まがたま》などこれまで段ボール箱１万５０００個におよぶ遺物《いぶつ》

写真2-8　圧倒的な存在感の屋久杉（PIXTA）

が出土している。

事業者の両県は林道建設の目的に「過疎に苦しむ青秋県境帯の活性化」「伐採の手が入っていないブナ林の利用」などを掲げた。

1982年に工事が開始されたとき、それまで工事の内容を知らされていなかった両県の住民や自然保護団体が、工事中止を求めて立ち上がった。1万3200を超える反対署名が全国から寄せられ、ついに当時の両県知事は工事の中止を決断した。林野庁も手を引かざるを得なくなった。世界自然遺産に登録されたことで、日本の森林の美しさを世界に知らせるきっかけになった。

ブナ征伐は官製の森林破壊

林野庁はブナ林を目の敵にした。拡大造林政策は、林野庁の主導のもとに行われた「官製の森林破壊」にほかならなかった。林業関係者から「ブナ征伐」という言葉が当時盛んに聞かれた。

ブナは役にたたない無用な木とされ、林業関係者はこんな論理を振り回した。

「ブナの原生林は『老齢過熟林』であり、生長の止まった天然林を伐って、スギ、ヒノキ、カラマツなどを植えれば将来大きな生長量が見込める。ブナが伐期を迎えるまでには200

年以上要するが、カラマツなら50年で伐ることができ4倍の生長量を見込める」

当時、自然保護運動の理論的支柱だった故沼田眞《ぬまたまこと》千葉大学名誉教授（日本生態学会会長）は、「老齢過熟木はあっても、老齢過熟林なんていう言葉は、生態学者も聞いたことがない」と怒っていた。ブナを伐るための口実だった。

ブナ林の保護運動は、人と森の関係を考える大きな転機になった。各地で森林伐採の反対運動が勢いづいた。ブナ林は大きく傷ついたが、市民運動によって辛うじて守られた（*）。

日本の木材産出額は１９８０年の１兆１５９０億円をピークに減少をつづけ、２０１７年には４８６０億円とほぼ4割になった。林業従事者は最盛期の14万６０００人から3分の１にまで減り、手入れされずに荒廃した森林が全国に広がっている。台風や集中豪雨のたびに洪水や土砂災害の大きな被害が出るのは、こうした荒廃地が多い。

現在、世界的な木材需給の逼迫《ひっぱく》で外国産材は高騰して、国産材のスギの価格は乱高下しているものの、１９８０年のピーク時から4分の1程度になった。「世界一安い材」と皮肉られている。国産材の供給量はこの10年、横ばい状態だ。拡大造林政策以来、森林組合などの林業事業者の多くは補助金・助成金に依存するようになり、人工林が伐期を迎えている今もこの体質は変わらない。これだけ森林資源が豊かな日本で林業は死にかけている。

（＊）「自然を守る」表現で、「自然保護」「自然保全」などが混用されている。いずれも英語起源で「保護」はconservation、「保全」はpreservationからきたものだ。前者は「本来の自然の価値を維持する」、後者は「人間のために自然を守る」というニュアンスがある。このほか、野生生物の保護にはprotection、保護区にはreservationを用いる。本書では、原則として「自然保護」で統一する。

固有の動植物

日本列島の森林の被覆率の67％は、先進地域のなかではフィンランド、スウェーデンに次いで世界3位だ。だが、これだけ人口が多い工業先進国で、国土の3分の2以上を森林が占めるのは奇跡としかいいようがない。

国際自然保護団体のコンサベーション・インターナショナル（CI）などの組織が、とくに生物多様性が高く、しかも破壊の危機に瀕《ひん》している地域を「生物多様性ホットスポット」として指定している。指定されたのは世界で36地域。日本列島もそっくり含まれる。

ホットスポットはすべてを合わせても陸地面積の2・4％にすぎない。この狭い地域に、地球上でもっとも絶滅が心配されている哺乳《ほにゅう》類、鳥類、両生類の75％、高等植物の50％が存在する。

狭い国土にもかかわらず、日本は生物多様性が豊かだ。日本の既知の動植物種数は9万種以上、未記載・未分類のものも含めると30万種を超えると推定される。大陸との接続と分離を繰り返し、複雑な地形、数多くの島の存在などを反映して、固有種の比率が高い。

陸上哺乳類の130種のうちの36％が日本にしか生息しない固有種だ。両生類で約74％、爬虫《はちゅう》類で約38％が固有種。また、約7000種の野生植物のうち4割にあたる約2900種が、日本だけに生育する。日本はガラパゴス諸島よりも固有種が多い。

絶滅危惧《きぐ》種を評価・選定した「環境省レッドリスト」（2019年）には、動植物が計3676種掲載されている。評価対象種数に対する絶滅危惧種数の割合をみると、淡水魚類で約42％、両生類・爬虫類で約37％、哺乳類で約20％、高等植物で約25％と非常に高い。とくに、トノサマガエル、メダカ、ドジョウ、ミズスマシ、ゲンゴロウに代表されるように、水辺に生息する身近な種の多くがリストに入っている。水辺の環境破壊が激しいことを物語っている。

哺乳類の80％は森林、あるいは林縁部を主な生息地にしている。このため、森林破壊は多くの野生生物を道連れにした。人工の針葉樹林には餌となる木の実もなく、シカやカモシカは、植林木の苗や樹皮で生きていくしかすべがなくなり、「害獣」の烙印《らくいん》が押された。

日本では世界的にみても特異な「木と森の文明」が発達した。縄文遺跡から発掘される遺物は、住居、農機具、生活雑器、燃料、武器、丸木舟などほとんどが木製品である。

福井県若狭町《わかさちょう》で発掘された鳥浜《とりはま》貝塚は、縄文時代草創期から前期にかけて（1万2000～5000年前）の集落遺跡だ。低湿地帯で水に浸《つ》かっていたために保存状態がよく、木製遺物など1376点が国の重要文化財に指定されている。スギ材の丸木舟、漆塗《うるしぬり》の櫛《くし》をはじめとするしゃもじ、皿などの生活雑器、石斧《せきふ》の柄……約30種の木材が特性別に使い分けられていた。

日本人の木への愛着は現代にまで引き継がれている。日本には、「御神木」という言葉があるように、木は信仰心や宗教心とも結びついてきた。うっそうとした巨木に覆われた木造の神社や仏閣を見たときに感じる畏敬《いけい》や懐古の念は、日本人ならではの感性だろう。重要文化財に指定された建造物の9割は木造であり、このうち国宝に指定されたものはすべて木造だ。

森林や樹木やそこにすむ動物が、これほど詩歌や文学作品に登場する国も珍しい。4516首が収められた『万葉集』の3分の1は、樹木や花の自然を詠んだものだ。編纂《へんさん》された7世紀から8世紀にかけて、天皇から庶民まで詠み人が自然に想いを寄せていた。

日本列島は、春から秋の植物の生育期に豊かな降水量に恵まれ、豊かな森を育《はぐく》む条件がそろっている。地球上で、亜寒帯から温帯、亜熱帯まで植生が連なっている地域は、ユーラシア大陸の東端地域しかない。しかし、中国東海岸、朝鮮半島、ロシア沿海州などの近年の大規模な森林破壊で、連続した森林地帯は唯一日本だけに残る。

木と共生してきた歴史

6世紀に朝鮮から仏教が伝来し、造寺工、仏工、瓦《かわら》工らが百済《くだら》から招かれ、寺院などの巨大建築物が建造されるようになって木材の伐採が急増した。歴史家コンラッド・タットマン（米国イエール大学名誉教授）は『日本人はどのように森をつくってきたのか』のなかで「古代の略奪」と呼ぶ。

最初の本格的な寺院である飛鳥寺《あすかでら》（奈良県明日香《あすか》村）は、蘇我《そが》氏が５８８年に百済から仏舎利（釈迦《しやか》の遺骨や棺《ひつぎ》などの灰燼《かいじん》）を献じられたことから建立がはじまり、諸説あるが５９６年ごろに完成した。

製鉄の記録は『古事記』や『日本書紀』まで遡れるが、しだいに製鉄炉が大型化し生産も増えた。タタラ製鉄で知られる中国山地では、製鉄の燃料のために大規模な伐採がつづき、タタラの炉ひとつを操業するのに山林が８００町歩（約８００ヘクタール）必要とさえいわれた。

瀬戸内海地方では製塩が盛んだった。天日にさらして濃縮した海水を煮詰めて塩をとるために、大量の薪を消費した。その薪をとる森林は「塩山」「塩木山」と呼ばれ、奈良時代に東大寺《とうだいじ》が約555ヘクタールもの広大な塩山を所有していたという。長く製塩業が栄えた、播磨国《はりまのくに》（現・兵庫県）赤穂《あこう》では海岸地帯の松林は裸になり、伐採は内陸や瀬戸内の島々へと広がっていった。

東大寺の修復の記録をみると、巨木の木材の産地がどのように後退していったかがわかる。東大寺の起源は、733年（天平《てんぴょう》5年）に若草山麓《わかくささんろく》に創建された金鐘寺《こんしゅじ》にあるとされる。創建されたときに使われた大量の木材は、50キロほど離れた伊賀《いが》（現・三重県）など紀伊《きい》半島や琵琶湖周辺から伐り出された。東大寺正倉院《しょうそういん》の柱は直径60センチほどだが、その扉は幅1メートル近いヒノキの一枚板でできている。これだけの巨木が手に入ったのだ。

1180年（治承《じしょう》4年）の平重衡《たいらのしげひら》の兵火で壊滅的な被害を受け、1190年（建久《けんきゅう》元年）に大仏殿が再建されたときには、柱は400キロ以上離れた長門・周防《すおう》の国（現・山口県）で伐り出された。

戦国時代の1567年（永禄《えいろく》10年）に、三好《みよし》氏・松永《まつなが》氏の戦いのあおりで、大仏殿を含む東大寺の主要堂塔がふたたび焼失して、1709年（宝永6年）に徳川綱吉のときに再建立された。

このときには、木材の不足から大仏殿の間口を以前の3分の2に縮め、柱はケヤキを芯《しん》にしてその周りを杉材で囲み、鉄の帯で締め上げて一本の太柱にした。梁《はり》だけは無垢材《むくざい》が必要で、700キロ離れた九州の霧島《きりしま》でアカマツの巨木を探し求めた。1909年の明治の大改修では、台湾からヒノキの巨木を輸入するしかなかった。

戦国大名が乱立した戦国時代は、権力者が競って城郭を造営するようになった。織田信長《おだのぶなが》が1576年に築城を開始した安土《あづち》城が、その後の近世城郭のモデルになった。1590年に全国統一を果たした豊臣秀吉《とよとみひでよし》は、その権勢を誇示するために大建造物の普請に狂奔した。1583年に石山本願寺《いしやまほんがんじ》の跡地に着工した大坂城は、秀吉が死ぬまで増改築がつづけられた。つづいて京都の豪華絢爛《けんらん》たる聚楽第《じゅらくだい》、大仏殿を伴った方広寺《ほうこうじ》、秀吉が隠居所にするために築城された伏見《ふしみ》城などが造営された。

方広寺大仏殿造営のために、秀吉は島津義久《しまづよしひさ》に命じて屋久杉材を大坂へ運ばせた。屋久島に残る周囲14メートル近い巨大な切り株の「ウイルソン株」は、そのときに伐採された切り株と伝えられる（大坂城築城のためとする説もある）。

1600年の「関ヶ原《せきがはら》の戦い」以後はさらに乱伐に拍車がかかった。徳川幕府の論功行賞による大名の大規模な配置換えによって、新たな知行地を与えられた諸大名が競って居城を構えたためだ。この時代は「慶長《けいちょう》の築城ラッシュ」と呼ばれる。日本の森林史上、二度目の「略奪」の時期である。

戦国時代から織豊《しょくほう》時代の戦いの教訓から、築城技術は大きく進化をとげた。大砲による攻撃に耐えられるよう高石垣や幅広の堀が張り巡らされ、堅牢《けんろう》化した五重七階の大規模な高層建築物が登場して、天守閣の威容を競い合うようになった。

１６０１年（慶長6年）の熊本城、姫路城、仙台城などの築城にはじまり、03年に江戸城、10年に名古屋城とつづいた。１６１５年（元和元年《げんな》）の大坂夏の陣で焼失した大坂城再建にいたるまで、わずか20年の間に大小合わせて２００近い城が築かれた。

江戸時代の森林保護制度

大規模な城郭が一つできると周辺の山は丸坊主になるといわれた。大径の良木は大名間で奪い合いになり、領内の材木だけでまかないきれなくなって、大名は植林にも力を注ぐようになった。

一方で、鷹《たか》狩り用のタカを保護するために巣の周辺の森林を保護した「巣山」、伐採を禁じた「留山《とめやま》」、自由に利用できた「明山《あきやま》」という利用区分を設定して、きびしい森林保護政策を打ち出した。

たとえば、加賀藩ではスギ、ケヤキ、ヒノキなど重要樹木7種を決めて、伐採を禁止した「七木《しちぼく》の制《せい》」が知られる。徳川幕府は木曾地方の豊かな木材資源に目をつけ、他国へのヒノキ材など「木曾五木」の持ち出しを禁止した。「ひのきの幹一本で首一つ、枝一本で腕一つ」といったきびしい厳罰で盗伐を抑えた。

江戸時代以来、幕府や藩によるきびしい森林保護制度が発達した。伐採の規制が強化され、植林が推進されるようになった。１６６６年に幕府が発した「諸国山川掟《おきて》」では、森林開発の抑制とともに、災害防止のために河川流域の造林を奨励している。

徳川家康が天下統一して以来、17世紀には江戸城、駿府《すんぷ》城、名古屋城をはじめ、武家屋敷、町屋、寺社の建築ブームが起きて、大量の木材が伐り出された。平野の水田開発が進み、山林の荒廃が広がって水害や土砂災害の多発を招いた。そのために管理と植林が奨励された。

岡山藩に仕えた儒学者の熊沢蕃山《くまざわばんざん》は、１８７０年に「生態学」（エコロジー）を打ち立てたドイツの生物学者E・ヘッケル（１８３４〜１９１９年）の約２００年前に、生態学の概念に匹敵する自然の原理に迫っていた。

著書『大学或問《わくもん》』のなかで、繰り返し森林の重用性や治山治水の必要性に言及している。現代語訳で引用する。

「山林とそこから流れる川は天下万物を育む生命の源である。古人が守ってきた山や沢を伐り荒らせば、一時的な利益はむさぼることができても子孫は亡ぶであろう」

なかでもきわめつきは、「草木なきはげ山を林となす」方策である。林政思想と実践の先駆者である蕃山ならではの秀逸な発想である。

「草木のないはげ山に林をもどす方策がある。ヒエをまいて、その上に枯れ草やカヤなどをちらして置く。鳥たちがやってきてヒエをついばむ。鳥のフンに混じっていた木の実はよく発芽する。上に枯れ草で覆っておくことは、鳥が見つけにくいようにして、鳥を長く引きとめておくためだ。こうすれば、三〇年ほどで、雑木が茂るようになる。雑木が茂れば村人は薪の心配をしなくてすむ」

明治維新後の荒廃と復旧

明治維新後、政府は1897年に「森林法」を制定して、森林の伐採を規制した。しかし、しだいに監視が緩んで各地で森林が乱伐され、ふたたび森林の荒廃の時代がはじまった。明治中期は、日本の歴史でもっとも森林が荒廃したとさえいわれる。建築用以外にも、近代化に欠かせない電柱と枕木は膨大な木材需要を生んだ。さらに、工事の足場や鉱山の坑木、造船用材、橋梁《きょうりょう》などのために木材消費が膨れ上がった。

だが、日清・日露《にちろ》戦争後は、木材需要の増大を背景に各地で林業生産が盛んになった。天然林の伐採とともに木材の再生産を目的とした植林が行われた。1907年には政府によって植林が奨励され、その後には民有林への植林に補助金が支出されるようになった。

1930年代には軍備の増強に伴い、軍艦の造船、軍事施設、坑木などのために大量の木材が必要になり、大量伐採に拍車がかかった。それらの伐採は、保護されてきた景観保全の風致林、社寺林、防風林にまでおよんだ。

第二次世界大戦の戦中から戦後の国土の荒廃は、明治中期にも劣らぬ激しいものだった。空襲などによって森野面積の約2割が失われた。焦土と化した戦後日本の復興には、大量の木材が必要で天然林の乱伐がつづいた。

戦争で焼失した約223万戸（全戸数の約2割）の再建、600万人を超えた海外からの引き揚げ者らの住宅建設、さらにインフラの整備や工場造成などが重なった。当時のマスコミはこぞって「豊富な国内の木材資源を戦後復興に生かせ」と、伐採をうながす論陣を張った。政府は伐採を加速させた。

各地にはげ山が出現した。終戦直前の1944年にヒットした童謡「お山の杉の子」（作詞・吉田《よしだ》テフ子）には「丸々坊主のはげやまは／いつでもみんなの笑いもの」という一節がある。

森林の荒廃によって、各地で台風などによる大規模な山地災害や水害が発生した。キャサリン台風（1947年）、ジェーン台風（50年）、狩野川《かのがわ》台風（58年）、伊勢湾台風（59年）などの直撃によって多くの死傷者を出した。

国土の保全や水源林の保全が緊急の課題になった。終戦の翌年には、植林や治山事業が公共事業に組み入れられた。1950年には「国土緑化推進委員会」が組織されて伐採跡地への植林が進められ、全国植樹祭もはじまった。

第三章　どこへ行く日本の環境

1．日本人の生命観の変化

肉食を忌避する心理

食肉の消費量は所得水準に比例し、一般に高所得国ほど多く低所得国ほど少ない。例外は日本である。世界の主要国のひとりあたりの食肉消費量は、日本は世界第12位。米国の4分の1にすぎない。韓国、中国、マレーシアなどよりも少ない。その代わりに魚介類がとくに多いわけでもない。

16世紀半ばに日本にキリスト教を伝えた宣教師フランシスコ・ザビエルは「野菜と麦飯を常食とし、ときどき魚や果物を食べるだけなのに、日本人は驚くほど達者だ」とイエズス会本部へ報告している。宮沢賢治《みやざわけんじ》も「一日ニ玄米四合ト味噌ト少シノ野菜ヲタベ……」と「雨ニモマケズ」の詩に書いた。

２０１７年の日本人の平均寿命は女性が87・26歳、男性が81・09歳で、いずれも過去最高を更新した。前年比で、女性は０・13歳、男性は０・11歳延びた。各国との比較では、女性は香港《ホンコン》に次いで2位、男性は香港・スイスに次いで3位である。がん、心疾患、脳血管疾患などの死亡率が下がったことが、この数字に表れている。仮にこの三大死因の死亡者がいなくなると、女性で5・61歳、男性で6・81歳延びるという。

縄文時代は15歳、鎌倉時代は24歳、江戸時代は38歳程度と推定され、50歳を超えたのは戦後の1947年になってからだ。80年代以降急速に延びて、世界のトップクラスに躍り出た。

日本の長寿の秘訣《ひけつ》は国際的にも関心が高い。食事に限っていえば、伝統的な米と野菜と魚介類を中心とした食事に、洋食のパンと肉食と乳製品が加わるといった絶妙なバランスが健康に良いという見方が強い。「日本の食文化」は健康食という評価が高まって、ユネスコの無形文化遺産にも登録され、いまや国外に約11万8000店（2017年農水省調べ）の日本食レストランがある。10年間で約5倍に増えた。

戦後の食肉消費の増加は、寿命と身長を大きく伸ばしてきた。20歳男子の平均身長は1950年以後12センチ近くも高くなった。だが、この20年ほどの間にひとりあたりの肉の消費量は横ばいがつづき、魚介類の消費量は50年代に逆戻りしてしまった。動物の殺生を禁じ肉食を忌避してきた日本人の心の奥底で、健康志向とともに肉食をほどほどに抑える心理が働いているとしか思えない。

黒船と最古の自然保護条約

日本人の動物への思いはこんな例にも見てとれる。1830年代から50年代にかけて、米国の捕鯨は黄金時代を迎えた。経済の拡大に伴って灯油、ロウソク、潤滑油など鯨油の需要が高まり、捕鯨は一大産業に育ってきた。しかし、捕鯨の歴史の長い大西洋《たいせいよう》では資源の枯渇が著しく、代わって太平洋が最大の漁場になった。

1846年には292隻の米国の捕鯨船が太平洋で活動していた。1853年には鯨油の生産量から逆算して、1年間に3000頭以上のクジラが捕られたと推定される。日本近海から北太平洋にかけて欧米の捕鯨船が集中した。

米国の作家H・メルビルが1851年に発表した『白鯨』は、主人公のエイハブ船長が日本近海で捕鯨船で巨大クジラと戦って、片足を失ったという設定だ。難破した船乗りが米国の捕鯨船に救助されたのは、ジョン万次郎《まんじろう》（第一章2）をはじめとして枚挙にいとまがない。

捕鯨船の出没とともに、遭難や住民とのトラブルも増えていった。1840〜50年代には、英米の捕鯨船が日本の港で薪や水や食料を要求したり、上陸して暴れたりするという事件が相次いだ。とくに、鯨油を採るためには脂身を釜《かま》でゆでる必要があり、大量の薪を必要とした。

幕府は「異国船打払令」を発令して鎖国政策を強化した。その一環として幕府は漂着した捕鯨船員を拘束したことから、日本が難破した船員を虐待しているとして、米国内では日本に抗議する世論が高まった。

　米国内では、遭難した捕鯨船員の保護や待遇改善に関心が高まり、日本に開国を迫るために送り出されたのが海軍のペリー提督だった。捕鯨業界も全面的に支援した。提督は4隻の黒船を率いて1853年7月に神奈川県浦賀《うらが》に来航した。

　大統領の親書を手渡して徳川幕府に対し開国を要求。その翌年再来日して、交渉の末に3月31日に両国間で「日米和親条約」（神奈川条約）が調印され、2ヵ月後には細則を定めた「日米和親条約付録」（下田《しもだ》追加条約）が締結された。

　この条約によって、米国船の日本における薪水・食料などの買い入れを認め、下田・箱館《はこだて》（函館）の開港が決定して鎖国体制は終焉《しゅうえん》を迎えた。13条からなる「日米和親条約付録」は、上陸した米国人の行動範囲、休息所、墓地などを定めたものだ。

　中でも注目すべきは、第10条だ。日本側が要求して盛り込まれたものだ。「鳥獣遊猟は都而《すべて》日本に於《おい》て禁ずるところなれば亜墨利加《アメリカ》人も亦此《またこの》制度に伏すべし」という条項である。つまり、「鳥獣の狩猟は日本ではすべて禁止されているので、米国人もこの制度に従え」という意味だ。

　国際的に鳥類保護が話し合われたのは1895年のパリ会議が最初とされ、これを機に鳥類保護の条約や組織が生まれる。日米和親条約付録は世界最古の自然保護条約と思われる。

この条項にはこんな背景があった。ペリーらは調印の約1ヵ月前に、開港地の候補になった箱館港を検分するために、黒船を率いて寄港した。そのときの模様が『亜国来使記』（函館市中央図書館蔵）に詳しく記されている。筆者は松前《まつまえ》藩士の石塚官蔵《いしづかかんぞう》。提督に随行した写真師が彼を撮影した銀板写真が、日本最古の写真として残されて重要文化財に指定されている。

江戸時代の日本は無益な殺傷をしないという倫理観が強かったため、野鳥や動物たちは人を恐れなかった。しかし黒船の船員は、近づいてマストや甲板に止まった鳥を、面白がって鉄砲で撃ったらしい。『亜国来使記』には苦々しげにこう書かれている。

「亀田浜、七重浜、有川辺へ異人ども船橋にて上陸いたし、引網、ならびに小銃にて鳥類殺生などをいたし、夕七つ時（午後四時）前、残らず元船へまかり帰り候」

それを見た地元民は「米国人はなんて野蛮な人間だ」とあきれた。

一方、提督の著書『ペリー提督日本遠征日記』（木原悦子訳）には、このときの状況を「ガンやカモなどさまざまな猟鳥をはじめ、数多くの鳥がみられたが、わが艦隊の狩猟家たちはほんのわずかしか仕留められなかった」と簡単に触れている。

幕末から明治にかけて日本を訪れた欧米人は、野生動物の豊かさと日本人の動物に対するやさしい態度に感銘を受けた。たとえば、1873年に北海道開拓使として招かれた米国人獣医師エドウィン・ダン。彼がはじめて東京の街を歩いたときの感想である。
「草むらからキジが顔をだし、英国大使館前の皇居の濠《ほり》にはガンやカモなど水鳥が真黒になるほどいる。自宅の食堂のテーブルの上にキツネが座って皿の中身を食べていた」（要約）
当時世界でも有数の大都市だった東京で、野生動物が人と共存していることに感嘆している。彼は日本の畜産の近代化に大きく貢献した人物で、最後に駐日米国公使を務めた。セイヨウタンポポは、彼が持参した牧草のタネに混じって日本に帰化したともいわれる。

生類憐みの令の実像

江戸幕府第五代将軍徳川綱吉《つなよし》は、1687年にあらゆる動物の殺生と肉食を禁止する「生類憐《あわれ》みの令」を制定した。同令は一つの成文法ではなく、135回も出されたお触れの総称だ。守られなかったために繰り返し出されたらしい。「生類」の対象は、犬、猫、鳥、魚、貝、虫にまで及んだ。動物別のお触れの回数は、鳥類が40回でもっとも多く、次いで犬猫の33回と馬の17回。

時代劇では、何十万人という庶民が捕まった「天下の悪法」として描かれる。しかし、徳川家の子孫の徳川恒孝《つねなり》は、『江戸の遺伝子』（PHP研究所）で「このお触れが執行された二四年間で処罰されたものは六九人、うち死罪は一三人にすぎない」とご先祖を擁護する。

実際には動物の保護以外に、「孤児、老人、病人、行き倒れの保護」などの弱者保護も強調した倫理規定の性格が強かった。「行き倒れの旅人の身ぐるみをはいだ旅籠《はたご》（＝宿）は死刑」「捨て子を川に流したら死刑」といったお触れもある。

捨て子については、「発見すればすぐさま届け出をせず、みずから養うか、のぞむ者がいればその養子とせよ」と定めている。捨て子を予防するために、町ごとに子どもの人別帳（戸籍）をつくるように命じた。行き倒れは貧民救済施設を設けて収容した。

綱吉は「犬公方《くぼう》」と陰口をたたかれたように、捨て犬禁止など犬に関するお触れが目立つ。当時は野犬が増えて人を襲う事件が多発していたからだ。それを防ぐために「犬毛《いぬけ》付書上《つけかきあげ》帳《ちょう》」という犬の登録制度をつくることを命じた。英国で動物愛護法が制定されたのは1911年のことだから、世界最古の動物保護に関する法制度である。

江戸の大久保《おおくぼ》、四谷《よつや》、中野《なかの》に犬を保護する収容施設もつくった。なかでも中野の「御囲御《おかこいご》用屋敷《ようやしき》」は100ヘクタール（東京ドーム約20個分）もある広大な施設だった。最盛時には8万頭を超える犬が収容された。その跡地にあたる中野区役所わきには、かつての施設をしのんで5体の犬の銅像が置かれている。

徳川綱吉をめぐる近年の評価は、暗君から名君へと変わってきた。最近の日本史の教科書では、「綱吉政権による慈愛の政治」とまで評価される。綱吉に2回謁見したドイツ人医師E・ケンペルは『江戸参府旅行日記』のなかで「非常に英邁《えいまい》な君主であるという印象を受けた」と評価している。

1200年も続いた肉食禁止令

歴史をさらにさかのぼれば、天武《てんむ》天皇は仏教を信仰し、675年に「殺生肉食禁止の詔《みことのり》」を発令した。

ウシ・ウマ・イヌ・ニワトリ・サルの五畜の肉食を禁じた。その後1200年近くもつづくことになった。平安時代においても肉食をタブーとする風習は残っていたが、庶民の間ではイノシシ、ウサギ、カモ、キジなどは食べられていた。

鎌倉時代から安土桃山《あづちももやま》時代までの武士が中心の社会においては、そのタブーも薄まり、狩猟や肉食が一般化した。戦国時代の末期には商業捕鯨もはじまり、日本人にとって肉食文化が身近になった。

歌川広重《うたがわひろしげ》が江戸の比丘尼《びくに》橋（現・八重洲《やえす》）付近を描いた浮世絵に、「山くじら」という看板が描かれている。この絵は、1856年から1858年にかけて制作された連作『名所江戸百景』に収められている。この正体はイノシシである。クジラを魚類と見なしていた江戸時代の隠語である。イノシシの肉を薄切りにして牡丹《ぼたん》の花のように並べた「牡丹鍋《なべ》」、馬肉を「さくら」、鹿肉を「もみじ」と言い換えたのは、禁制品ならではの隠語である。

江戸時代末期になると殺生肉食禁止も緩んできた。岡山市教育委員会の発掘調査で、岡山城二の丸のごみ捨て場跡から、江戸時代の動物の骨が多数見つかった。富岡直人《とみおかなおと》・岡山理科大学教授の研究によると、骨はイノシシ・ブタ・ウシ・ノウサギ・タヌキ・イヌ・オオカミ・アナグマなどだった。新宿区四谷三栄町《さんえいちょう》の三栄遺跡で、江戸期の屋敷や商家の遺構から大量の獣骨が出土した。獣骨は、推定97頭分のイノシシをはじめ、ニホンカモシカ、ツキノワグマ、ニホンオオカミなどの骨だ。

多くの骨に調理痕《こん》と見られる刃物傷があったことから、食用にされたことは間違いない。二の丸には家老クラスの屋敷があったことを考えると、上級武士は盛んに肉食をしていたことがうかがえる。どうやら当時の肉食禁止には、建前と本音があったようだ。

最後の将軍である徳川慶喜《よしのぶ》は、豚肉がお気に入りだった。豚の特産地の薩摩《さつま》藩から運ばせたほどだった。慶喜が一橋《ひとつばし》家の出身であることから「豚一様」（豚肉好きの一橋様）と陰で呼ばれたという。

明治維新によって肉食禁止の習慣に終止符が打たれた。1872年、明治天皇は肉食解禁の令を発令され、自らも肉を食べた。天皇は「肉食は養生のためよりも、外国人との交際に必要だから」と、大久保利通《おおくぼとしみち》に理由を語っていた。
これが思わぬ余波を招いた。解禁から約1ヵ月後、白装束に身を固めた御嶽行者《おんたけぎょうじゃ》の修験者10人が「肉食は許しがたい行為である」と抗議のために皇居に乱入し、警備兵によって4人が射殺されて1人が重傷、5人が逮捕された。

肉食のすすめ

福沢諭吉《ふくざわゆきち》は築地に設立された牛肉販売の「牛馬会社」の求めに応じて、「肉食之説《にくじきのせつ》」の一文を寄稿した。その一節に、「今我國民肉食を缺《かい》て不養生を爲し、其生力を落す者少なからず」、つまり「今の日本国民は肉食をしないので、不健康になって活力がないものが少なくない」という「肉食のすすめ」がある。自身が創立した慶應義塾の食堂のメニューにも取り入れた。日本最古の学食である。

肉食解禁後も庶民の間では「牛肉はけがらわしい」という意識が強く、鼻をつまみ目を閉じて足早に牛鍋屋の前を通り過ぎる人が多かったという。しかし、1877年には東京だけで牛鍋屋は550軒を超えるほど、人気が出てきた。

一挙に肉食が広まったのは、1923年の関東大震災《かんとう》がきっかけだ。多くの国々がさまざまな援助物資を送ってくれた。なかでも、米国は全国的な募金活動を展開して、海軍が駆逐艦で食料を送り込んだ。そのなかにコンビーフの缶詰が大量にあり、被災者が食べておいしかったことから肉食へのタブーが薄れたともいわれる。

牛肉を塩漬けにしたコンビーフは船員のための特殊な保存食とされ、現在船員以外でこの缶詰を食べるのは日本以外にあまりないという。角張った缶の形は、少しでも多く船に詰めるように工夫した結果だ。

日本人のやさしい生命観

日本人の生命観は独特のやさしさに満ちていた。たとえば、人に関わったさまざまな生き物を供養する碑や石仏が各地に残っている。「虫塚」は農薬のなかった時代には、追い払うしかできなかった害虫を供養して建てたものだ。農民にとっては憎んでも余りある害虫だが、その命を奪ったということで慰霊したのだ。害虫を追い払う「虫追い」は、かつて集落単位で全国的に行われた共同祈願のひとつだった。

人に尽くした動物を供養や慰霊する石碑や石仏は、各地に数多く残る。「馬頭観世音」「犬頭観世音」は人のために働いた動物だ。「豚頭観世音」「鶏霊供跪塔《くきとう》」「猪頭《いがしら》観世音」「鳥獣魚供養塔」「鹿供養塔」などは食用に供された動物だ。栃木県那須町《なすまち》には、将軍が鷹《たか》の生き餌《え》として農民に採集させた昆虫の「螻蛄《おけら》供養塔」がある。

かつて捕鯨を生業にしていた漁村には、鯨を供養した墓が寺院に残されている。鯨墓《くじらばか》と呼ばれる日本独特の慣わしだ。最近、私は詩人の金子《かねこ》みすゞ（1903～30年）の足跡を訪ねて山口県長門《ながと》市の「くじら資料館」を訪れたとき、その近くの清月庵にある鯨墓（写真3－1）に心を打たれた。清月庵は向岸寺という寺の住職が隠居した際に建立された庵という。

鯨墓は漁師が母鯨を捕獲したときに、子鯨や胎児まで死なせてしまった憐みから建てられたといわれる。長門市の鯨墓には七十数頭が葬られた。現在でも、お参りとお供えが絶えることがないという。

写真3-1　1692年に建立された清月庵の鯨墓（長門市観光コンベンション協会提供）

また、向岸寺には、鯨の位牌《いはい》や鯨鯢《げいげい》（＝雄雌の鯨のこと）の過去帳が保存されていて、242頭の鯨の戒名が捕獲年月日、場所、鯨組（捕鯨の漁民組織）などとともに記されている。鯨を人と同じように祀《まつ》っていた。

長門市仙崎《せんざき》は、かつて捕鯨の町であり日本の沿岸捕鯨を担った時代もあった。金子みすゞはこの町で生まれ26年の短い生涯の間に、数多くの詩を残した。代表的な詩に『鯨法会《くじらほうえ》』があり、鯨に感謝しながら生きていた日本人の気持ちが伝わってくる。法会とは供養のための僧侶《そうりよ》や檀《だん》信徒の集まりである。

鯨法会は春のくれ／海に飛魚採れるころ
浜のお寺で鳴る鐘が／ゆれて水面をわたるとき
村の漁師が羽織着て／浜のお寺へいそぐとき
沖で鯨の子がひとり／その鳴る鐘をききながら
死んだ父さま、母さまを／こいし、こいしと泣いてます
海のおもてを鐘の音は／海のどこまで、ひびくやら

人と自然の一体化

中村禎里《なかむらていり》立正大学名誉教授（故人）は『日本人の動物観』のなかで、グリム童話集には人間が動物に変身するエピソードは67例あるのに対して、逆に動物が人間に変身するのはわずか6例しかないと書いている。他方、日本昔話では、人間が動物に変身するのは42例あるのに対し、動物から人間へは92例もあるという。

グリム童話では、変身には魔法の力が必要だが、日本の昔話では必要としない。こうした事実からして、日本では人間と動物の連続性があるのに対し、西洋の場合では人間と動物との関係性はなく、境界がはっきり区別されていると結論付けた。

日本では、タヌキが人に化けたり、ヤマトタケルが死後白鳥になったり、「ツルの恩返し」の民話のように、人と動物の間に優劣なく変身が行われる。ここには、自然との「一体感」「同一視」「統合観」といったものを大切にしてきた日本人の思想的な背景があるのかもしれない。

日本人と動物の関わりを再認識する上で大きな事件が持ち上がった。第一次南極観測隊は1956年、タロ、ジロを含む22頭のカラフト犬とともに観測船「宗谷《そうや》」で南極へ出発した。翌年、第二次越冬隊と入れ替わるはずが悪天候に阻まれて越冬を断念。15頭の犬を昭和基地に置き去りにせざるを得なくなった。

1959年1月、第三次越冬隊のヘリコプターが、昭和基地に2頭の犬の生存を上空から確認した。発見した隊員から直接聞いた話では、野生化していて襲われるのではないかとはじめは怖くて近づけなかったという。

しかし、「タロ」と「ジロ」の兄弟と確認され、2頭だけが生き残っていたことも判明した。この生存のニュースは日本列島を感動の渦に包み込んだ。当時の朝日新聞は1面トップで「昭和基地は無事だった、犬も二頭生きていた」と報じている。各地にカラフト犬の記念像が設置され、2頭をたたえる歌までつくられた。

「タロ」と「ジロ」が主人公の映画『南極物語』（蔵原惟繕《くらはらこれよし》監督）が1983年に公開され、観客動員数は1200万人を超えて当時の日本の歴代興行成績の第1位を記録した。米国でもリメイクされた。

当事者の隊員のひとり菊池徹《きくちとおる》が書いた『犬たちの南極』（中公文庫）には苦衷の叫びが記されている。置き去りが決まったとき、「宗谷」には多くの電報が届いた。「物言わぬ隊員を絶対に殺すな。万難を排して連れて帰れ」「犬の恩を忘れたのか。もし犬を残すなら隊員全員は帰るな」など犬の救助を訴えるものだった。

「置き去りにするくらいなら、安楽死させるべきだった」という批判もあった。とくに、欧米や、日本人でも海外生活が長かった人は、安楽死を支持した。実際には、最後まで安楽死を模索したが時間の制約でできなかったようだ。

しかし、日本では安楽死に反対意見も多く、動物を「殺すこと」には抵抗感が強い。沖縄や小笠原《おがさわら》諸島などで、島に取り残されて野生化したウサギやヤギ、ネコが爆発的に増えて、希少な動植物の生態系を侵すという問題が生じている。野生化した家畜などを駆除する際、「殺害」ではなく、「捕獲」して飼いつづけることを要求する声が起きることが多い。

一方、欧米では死より苦痛を与えつづけることの方が罪、と考える傾向が強い。犬を置き去りにして餓死させるぐらいなら、安楽死させるべきだと考えるのだ。ガラパゴス諸島で繁殖していた帰化動物のロバや犬などの駆除に立ち会ったことがあるが、情け容赦なく射殺していたのには正直、抵抗感があった。

動物愛護と急減する殺処分

英国では１８２２年以降、動物虐待防止法をはじめとして、一連の動物保護法が成立した。日本では１９７３年に動物保護管理法（後の改正で動物愛護管理法）が議員立法で制定された。日本と欧米諸国の動物愛護法の比較では、日本が後進国で欧米は先進国という図式が定着している。確かに、法制度や収容した動物の施設、ペットの管理能力、公共の交通機関への同乗などは、欧米の方が進んでいる。しかし、日本でも急速に改善されてきた。

たとえば、日本で保健所に持ち込まれて殺処分される犬猫の多さが、批判の的だった。しかし、環境省の「犬・猫の引取り及び負傷動物の収容状況」（２０１８年）によると、殺処分数は、１９９７年には66万１０００頭だったのが、２０１７年には4万３０００頭に急減した。各国の殺処分数は、ドイツのゼロから英国の約７０００頭、米国の約２００万頭まで大きな開きがある。

空前のペットブームだという。その背景には、少子高齢化やそれに伴う核家族化や独居化で、孤独、孤立、隔絶を深める人が増えていることがある。飼育の目的を「いやし」と答える人が過半数を超える。ペットはもはや愛玩《あいがん》動物ではなく、家族の一員やパートナーとしてとらえられている。

しかし、飼い主もペットも高齢化して、誰が面倒をみるかという「老老飼養問題」が起きている。2012年、動物愛護管理法の改正で最後まで責任をもつ「終生飼養」が努力義務として明文化された。老犬ホームも登場した一方で、飼いきれなくなった老飼い主が、密《ひそ》かに「解放」してしまう事例も増えている。

多くの自治体が「殺処分ゼロ」を目標として掲げるようになった。その陰で深刻な事態が進行している。自治体の収容施設や民間の動物愛護団体が、殺されずに済んだ犬や猫を抱えきれなくなり、伝染病のまん延や多頭飼育崩壊が起きるなどのケースも出てきた。殺処分ゼロを宣言した自治体では、譲渡に取り組んでいるが引き取られていくのはきわめて少数だ。

以前は、保健所などに持ち込まれる動物は、家庭からだけでなくペットショップの売れ残りなどの余剰ペットも多く含まれていた。今、それらも行き場を失ってしまった。犬や猫の扱いをどうするのか。「人と動物」の関係を考える上で、新たな難題が浮上している。

2. 何が環境を変えたのか

環境破壊の原因になった公共事業

1970年代半ばのことだった。当時の建設省河川局から、局内の勉強会で話をしてほしいという依頼があった。自然保護だの公害反対だのと、建設省に対する批判記事を書いている記者が、何を考えているのか関心があったのだろう。私は「敵」の牙城《がじょう》に乗り込んだ。

十数人の出席者を前に、私は日ごろから溜《た》まっていた建設行政への憤懣《ふんまん》をぶちまけた。

「河川は誰の物か？　蛇行部分を直線化し両岸どころか川底までコンクリートで固め、川を巨大な下水にしてしまった。川にはさまざまな機能があり、環境や生物多様性の維持には欠かせない。国民の共有財産である河川を、政府の一部局が勝手にいじくり回していいのか」

局長はかなり挑発的だった。

「誰のおかげでこれだけ水害が減り、川が安全になったと思っている。これもコンクリートの護岸で洪水を防ぎ、川の水をなるべく早く海に流しているためだ」「あんたのいうことを聞いていると、肥桶《こえおけ》をかついで田畑を手で耕していた時代に戻れといっているようだ」

売り言葉に買い言葉になった。1時間ほどという約束が3時間を超える論争になり、後味の悪いけんか別れになった。

それから20年余りたって、私が大使を務めていたザンビアに国会議員団がやってきた。そのうちのひとりから、なつかしそうに声をかけられた。覚えていなかったが、あのときの勉強会に出席していたという。その後、建設省から政界に転じた。

お世辞もあっただろうが「あなたの言うとおりになりましたね。治水と利水しか考えていなかった河川局が、自然との共生なんていうようになりましたから」と彼からいわれた。

その夜は公邸で呑《の》みながら、当時は公共事業と環境保全の板挟みになって河川局が岐路に立っていて苦慮していたという裏話を聞いた。特命大臣などの要職を務めたが、２０１２年に突然自死されたことを知って愕然《がくぜん》とした。

環境保護の運動に関わっている活動家からよく質問された。「公共性って何ですか」「公共工事って誰のためのものですか」。おそらく、開発や環境破壊に批判的な運動に関わって、この問題にぶつからなかった人はいないだろう。公共事業が環境悪化を引き起こす重要な役割を演じたと考えている人は多い。むろん私も含めて。

河川の護岸、道路、干潟の埋め立て、国有林伐採、広域林道、盛り土造成、原発、米軍基地、空港、ダム、廃棄物処理場……全国各地で公共事業が展開され、日本は「公共工事列島」と化した。それにつれて反対運動も先鋭化していった。

失敗した、あるいは地元の強い反対で軋轢《あつれき》を生んだ公共事業には、すぐ思いつくだけでも——原子力船「むつ」、新型転換炉、高速増殖炉などの原子力関連プロジェクト、東京臨海部都市開発、東京湾横断道路（アクアライン）、諫早湾干拓事業、関西《かんさい》新空港、むつ小川原《おがわら》大規模工業基地、志布志《しぶし》湾石油備蓄基地、新石垣《しんいしがき》空港……などいくつも挙げられる。

公共事業の名においてどれだけのハコモノがつくられ、利用されないまま朽ち果てたか。どれだけの事業費や補助金が無駄になったか。スーパー林道、農村空港、干拓事業など訴訟になった事業も少なくない。だが、多くは国や自治体の勝訴に終わった。「できてしまったのをいまさら壊すわけにはいかない」という理屈がまかり通った。

三重県の四日市市では国の重化学工業政策にそって、1959年から大規模な石油化学コンビナートの建設が開始された。当初は近隣都市の羨望《せんぼう》の的だったが、利益は進出した大企業に持って行かれ、地元住民は大気汚染による喘息《ぜんそく》などの呼吸器系の障害に苦しむことになった。

当時四日市で使用された重油の硫黄《いおう》含有量は3％前後もあり、年間の二酸化硫黄排出量は

13万〜14万トンと推定された。1964年の二酸化硫黄濃度は汚染地区では、現行の環境基準値の10倍にもなった。約2200人が公害病患者と認定され、そのうちの4割近くが9歳以下の子どもだった。ついには、住民側は6社の進出企業を相手に訴訟を起こした。

1972年7月24日、四日市コンビナートを構成する加害企業を被告とした四日市公害裁判で、津《つ》地方裁判所四日市支部は、被告企業の加害行為を共同不法行為として、きびしく断罪し損害賠償を認めた。同時に、「拠点開発方式」として遂行された大規模工場地帯を「産業立地政策の過失」と位置づけ責任を追及した。

さらに、判決では「控訴することなく早期に被害者を救済せよ」「一刻も早く完全な公害対策を実施せよ」と念を押した。被告企業は控訴を断念し、控訴期間2週間を経て確定した。地裁の判断によって賠償問題が長引かずにすんだ。

相前後して静岡県三島《みしま》・沼津《ぬまづ》地域でもコンビナートの進出計画が持ち上がった。しかし、四日市の大気汚染を学んでいた住民は建設反対運動に立ち上がり、計画を中止に追い込んだ。二つの地域は明暗を分けることになった。環境経済学者の宮本憲一は「三島・沼津地域の反対運動は、〈草の根保守主義〉から〈草の根民主主義〉への出発点になる『戦後市民運動の原点』」と位置づけている。

誰のための公共事業

「国民生活に役立つように政府・地方政府などが行う事業のことを、公共事業という」と教えられてきた。「誰のためにやる」という疑問は、私自身長らく抱いてきた。事業の当事者の政府機関や公団などは、「国民の切望に応《こた》える」が決まり文句で、反対する運動側は「不要不急のお手盛りの事業で、環境へ悪影響が大きい」として対立する図式になった。

だが、現場で取材していると、政治家の選挙区への利益誘導、企業からの政治献金の見返り、地元有力者と開発業者の癒着、最近では権力者への「忖度《そんたく》」……といった「国民の切望」とかけ離れた動機が見え隠れするものが少なくなかった。

公共事業を批判すると、「では、国は何もしなくてよかったのか」という反論がたちどころに返ってくる。戦後、日本が焦土から立ち上がって、公共事業を中心に今日の日本を築き上げたことを否定するつもりはない。民間資本が壊滅して国がやるしかなかった。

だが、「発展に必要な国家事業」という錦《にしき》の御旗《みはた》のもとに、公共事業には膨大な予算がつぎ込まれて複雑な利権が絡みつき、まるでブレーキの壊れたブルドーザーのように強引に推し進められていった。

公共事業には、「本当に必要なのか」という疑問がついて回る。「無駄な公共事業の典型」としてよく挙げられるのが、国が群馬県長野原町《ながのはらまち》で建設している八ッ場《やんば》ダムである。この一帯は、国の名勝に指定されている吾妻峡《あがつま》であり、天然記念物の川原湯《かわらゆ》岩脈のほか、渓谷や渓畔林が織りなす美しい景観に恵まれた地域だ。その半分以上がダムで水没するため反対する声も大きかった。

それを押し切って1960年代に計画が決まった。しかし、工事は進まず五度にわたって基本計画が変更され、事業費は2100億円から5320億円にまで、2・5倍に膨れ上がった。民主党政権が2009年にいったん事業中止を決めたものの、2年後には一転して再開された。今も完工のメドはたっていない。すでに多額の建設費を投じたので、中止したら無駄になるという意見が強かったためとされる。

もうひとつ、無駄なダムの代表は、国が計画してきた熊本県の川辺川《かわべがわ》ダムである。球磨川《くまがわ》水系の川辺川は、四万十川《しまんとがわ》などと並ぶ「日本最後の清流」とも称される美しい川だ。ここに、治水と灌漑《かんがい》と水力発電を目的としたアーチ式ダムを建設する計画だった。1966年から事業が開始されたが、地元民の強固な反対運動もあって完成目標は4回も延期された。当初350億円の予算だった事業費は、約2200億円にまで跳ね上がった。

灌漑用水の利水事業に対し、対象農家の過半数の約2100人が「ダムの水は不要」として1996年に国を相手に熊本地裁に訴訟を起こした。これが「川辺川利水訴訟」である。2000年に地裁で原告敗訴となり、原告は福岡高裁に控訴した。3年後に高裁で原告が逆に最終的に転勝訴した。被告である国は上告せず判決は確定した。蒲島《かばしま》知事は2008年に最終的に「白紙撤回」を表明して、工事は止まった。

この二つのダムは、一度決まった公共事業は、目的が変わっても不要であることがわかっても、建設を止められない「公共事業のワナ」に捕らわれてしまった。他方、建設に伴う道路や公共施設の建設などの地域振興事業は既得権であり、住民のなかにはダム推進派もいる。地域が賛否で二分されて対立することも珍しくない。建設に関わる国や自治体の役人も、一度組織で決まった建設計画の中止は組織への裏切りになる。かくして無駄なダム建設が営々とつづくのである。

「比類無き渓谷美」と称えられた富山県の黒部《くろべ》渓谷は、黒四ダム（1963年竣工《しゅんこう》）の建設によって、部分的に水没してしまった。建設をめぐるドラマは映画『黒部の太陽』をはじめ再三テレビ化され、「大自然と戦った勇敢な人びと」が英雄のように語られる。この台無しにされた自然が、将来世代に残すべき「人類の遺産」であったことは語られていない。

日本一の蛇行渓谷といわれた奈良県の吉野熊野《よしのくまの》国立公園を流れる熊野川・北山川《きたやまがわ》の渓谷は、国の特別名勝および天然記念物に指定されているが、七色《なないろ》と小森《こもり》の二つのダム（1965年竣工）によって大きく変わった。自然保護に生涯取り組み「国立公園の父」と呼ばれる故田《た》村剛《むらつよし》は、「日本で唯一のしかも無類の河川景観というものが、近い将来どれだけ偉大な資源となるか、想像のほかである」と開発に反対した。

さらには、河口をせき止めた三重県の長良川河口堰（1994年完工）、潮受け堤防のギロチンのような閉門が記憶に残る有明海の諫早湾干拓事業（1997年水門閉鎖）など、反対運動を押し切って強引に進められた開発は少なくない。

公共事業によって破壊された自然は、今なら間違いなく世界遺産に指定される自然が多い。公共事業を推し進める国や自治体には、ダムでふるさとから引き離される住民や、かけがえのない自然などへの配慮はほとんど存在しなかった。

建政官の複合体

米国には軍需産業と国防総省と国防議員が結束して、戦争や軍備から利益を得る集団「軍産複合体」が存在する。「鉄のトライアングル」といわれる堅い結束を誇っている。1961年、アイゼンハワー大統領が退任演説で、「軍産複合体が国家や社会に過剰な影響力を行使する可能性」に言及したことからよく引用される。

朝鮮戦争、東西冷戦、ベトナム戦争、対テロ戦争……と軍産複合体は強固になってきた。近年は戦争を請け負う「民間軍事会社」までも複合体に組み込まれている。

これになぞらえていえば、日本は建設業と政治家と官僚が結託した「建政官複合体」であ

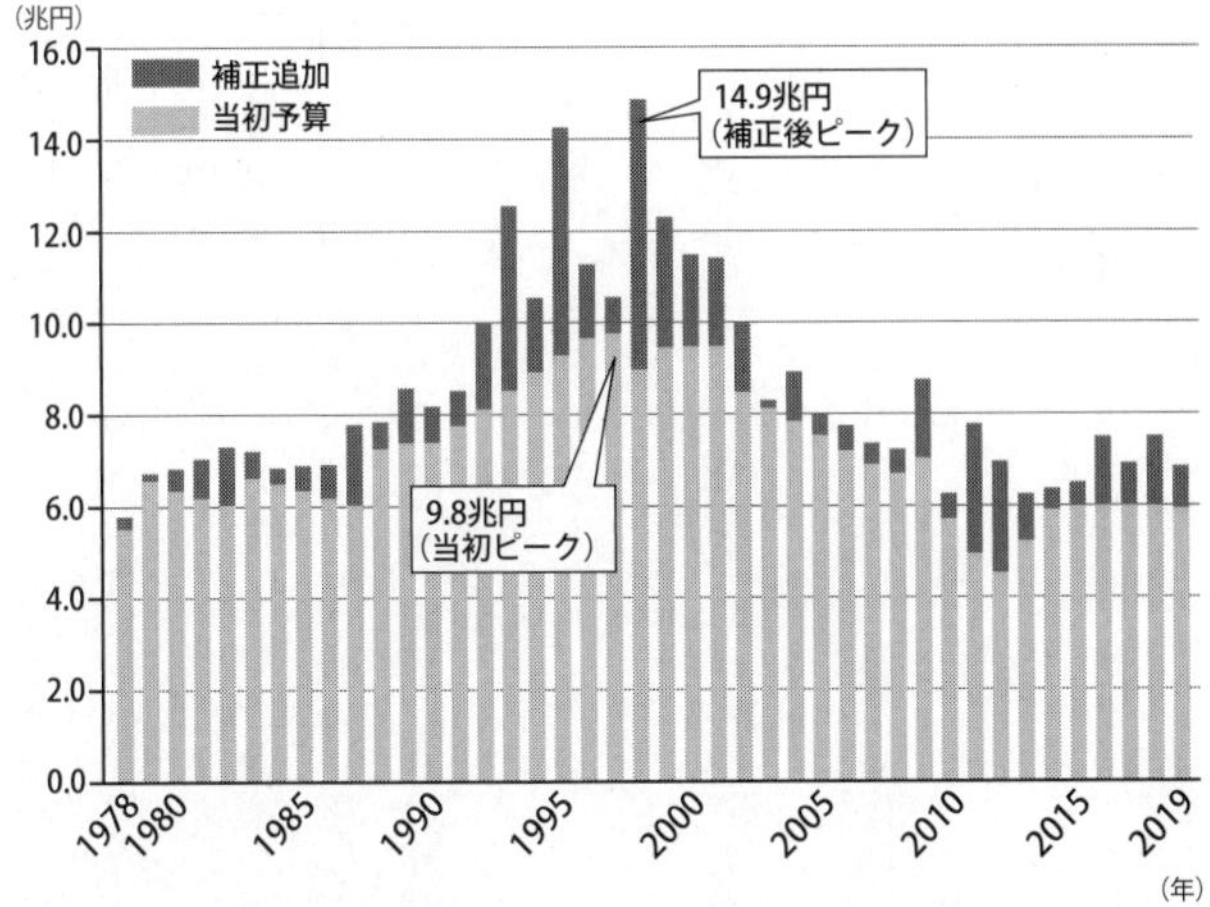

図3-1　公共事業費の推移。2019年の補正追加部分は当初予算（「平成31年度国土交通省・公共事業関係予算のポイント」を基に作成。https://www.mof.go.jp/budget/budger_workflow/budget/fy2019/seifuan31/17.pdf）

ろう。こちらは「コンクリートのトライアングル」だ。公共事業の強力な牽《けん》引《いん》車だった。憲法で「戦争を放棄」した日本は、防衛費がＧＤＰの１％以下に抑え込まれてきたが、代わって公共事業が巨額な予算の担い手になった。

米国では「国家安全保障」が大義だが、災害多発国の日本は「防災・減災」が錦の御旗である。官僚は国や自治体の建設計画の情報を企業に提供し、ときには計画そのものを立案して、特定の業界と一体となって開発を先導してきた。

ＧＤＰに占める公共事業費の割合は、１９９０年代後半から２０００年にかけてほぼ５～６％台で、韓国とともに主要国の中では突出していた。２０１５年度以降横ばいだったが、19年度には臨時・特別措置が別枠で加わって前年比で15・1％増の約6兆円と、大幅な増額になった（図3‐1）。理由は、防災・減災やインフラ老朽化対策費の増加である。

官僚が企業に利益を供与する見返りに、大手建設会社や関連団体の役員、建設関係の公団・事業団の幹部への天下りポストを与えられた。政治家は計画決定や発注先の決定権をにぎる官庁に圧力をかけて、業界からの利益の分け前にあずかった。

政官財の「互恵システム」

日本の建設産業は「市場メカニズム」というよりは、多くは政・官・財の「互恵的関係」で成り立ってきた。建設業界が性懲りもなく談合を繰り返す体質は、このシステムから生まれる。

高給を食《は》む天下り官僚と、金集めに精を出す政治家らを抱える建設産業は、当然ながらコスト高になる。だが、大資本はさまざまな形で安い土地、ときには国有地の優先的な払い下げが受けられた。

とくに太平洋ベルト地帯で埋め立てて造成した用地は、ただ同然で重厚長大産業などの大資本に提供された。京浜、京葉、中京《ちゅうきょう》、阪神、北九州などの埋立地に立つ製鉄所や発電所や石油化学コンビナートをみれば一目瞭然《りょうぜん》である。

ちなみに「社会の公器」を標榜《ひょうぼう》する新聞社とて例外ではない。主要全国紙は、すべて格安で払い下げられた一等地の国有地に新社屋を建設した。おいしい話と引き換えに、新聞は何か大切なものを失わなかったのか。

この互恵関係に加われば、高地価は資本コストには響かず、むしろ企業の含み資産を上乗せして資金調達を助けた。地価高騰に抵抗するどころか便乗したのだ。建設業界は不況になれば経済浮揚のため、大規模災害や事故が起きれば防災のため、東京五輪があれば世界に恥ずかしくない施設のために、国家予算が与えられてきた。

ダムをはじめとする公共事業費は、途中でどんどん工事費が膨れ上がって最終的には大幅超過になることが珍しくない。これも国や自治体が相手だから、取りっぱぐれがない。

ブレーキがかからないままに、建政官複合体が先導する土建国家は、短期間のうちに川岸や海岸線をコンクリートで固め、世界の環境史でも稀《まれ》にみる「環境破壊」をまき散らして疾走してきた。建設産業の大建設プロジェクトとそれを可能とさせた国や地方の財政投融資、それを陰で支える郵便貯金、特別会計という打ち出の小槌《こづち》によって、自然環境はずたずたにされた。

公共事業で全国津々浦々までつくられた、バブルの「落とし子」を見ていると今後が心配だ。世界各地で老朽化したダム、橋梁《きょうりょう》、トンネル、建物などの崩壊事故が発生している。日本でも笹子トンネル崩落事故のような公共インフラの老朽化が全国で深刻な事態になっている。

１９６０～70年代の高度成長期に建設された多くの建築物（公共施設）と「土木インフラ」が、現在いっせいに法定耐用年数の50年に達する。すでに、地震などがきっかけで崩壊したり使用停止になる事例が多発している。孫子の代には、つくり過ぎた公共事業が、大変なお荷物となってのしかかるだろう。

ゼネコン疑獄とバブル

バブル景気が崩壊した１９９３年、日本は「ゼネコン疑獄」に揺れた。いいかえれば、「公共事業疑獄」である。端緒になったのは元建設大臣の金丸信《かねまるしん》・元自民党副総裁が、ゼネコンからの10億円を超すヤミ献金を脱税した事件だった。押収された資料から、大手ゼネコン各社が中央・地方政界に多額の賄賂《わいろ》をまき散らしていた実態が判明した。

東京地検特捜部による捜査の結果、１９９３～94年に、茨城県、宮城県、仙台《せんだい》市、埼玉土曜会の四つの汚職や談合の事件が明るみに出た。県庁舎移転新築工事や県立植物園新築工事、大学新築工事などに絡む汚職だ。

仙台市長逮捕を皮切りに、収賄側が茨城県知事、宮城県知事ら８人、贈賄側は清水建設会長ら大手建設会社トップを含む32人が起訴された。一審公判中に死亡した竹内藤男《たけうちふじお》元茨城県知事を除き全員の有罪が確定した。

ゼネコン各社が公共事業の指名を獲得するために知事や市長に賄賂を贈り、見返りに「天の声」によって建設業者が指名を受けるという構造だった。背後には莫大《ばくだい》な公共事業予算の差配権限を握る有力政治家と政府高官が居座っている。

日本の近現代の政治史は腐臭の漂うものだが、この「ゼネコン疑獄」は、動いた巨額の金と有力議員や首長、関係した行政機関の広がりで際だったもので、まさに史上最高・最大の疑獄事件とされるのも不思議ではない。

その根っこの部分には、巨大な公共事業予算と強大な政治家の影響力や首長の権限があり、ゼネコン各社が利益を上げようとして群がったという癒着構造があった。政府や地方自治体が予算・財政制度をきわめて恣《し》意的に運用して、今日の想像を絶する借金の山を築き国家財政を危機に陥れる原因のかなりの部分をつくったのだろう。

これだけゼネコンを太らせたのはバブル経済だった。景気動向指数からみて、１９８６年12月から91年2月までの51ヵ月間がバブル景気に沸いた。あのバブルとは何だったのだろう。今思い出してみても信じられないような時代だった。

とくに、不動産業は景気が沸騰していた。政府の計算によると、日本の土地資産はバブル末期の1990年末にピークとなり、約2456兆円に達したと推定される。この時、東京23区の土地を売れば、米国全土が買えるという試算があったほど、日本の土地の値段は高騰した。不動産関係者が沸きに沸いていた。

「上がったものは必ず落ちてくる」という法則通りに、1991年3月から93年10月にかけて、資産価格が一気に下落に転じバブルが弾《はじ》けた。バブル崩壊で、公共事業も一気にしぼむかと期待していたが、そうはいかなかった。

政府は、公共事業費を追加支出して景気を刺激しようとした。だが、回復しないままに1000兆円以上も債務だけが膨れ上がった。この4分の1が公共事業によるものだ。

結局、日本経済の回復の兆しはなかった。公共事業の効果が薄れていたからだ。その間に、借金だけが雪だるま式に増えた。2019年現在、日本の政府総債務残高は1325兆円、GDPの240%に迫り、国の内外から懸念の声があがっている。

世界の政府総債務残高（2018年）のワースト5は、ぶっちぎりの日本をトップに、ギリシャ、ベネズエラ、スーダン、レバノンとつづく。日本はこうした国々のお仲間なのだ。

ところが、バブル崩壊によって平成大不況の原因をつくった「建政官複合体」は責任を問われるどころか、不況対策に名を借りて不要不急としか思えない建設投資を拡大させた。

先進国のなかで日本ほど公共事業の比重が大きい国はない。1990年代の「失われた10

年」の間、日本の公共事業支出は、GDP比で米国やドイツの2～3倍にのぼった。バブル崩壊による税収減にもかかわらず、予算的には大盤振る舞いされた。その代わりに社会保障費の支出が抑えられた。やはり、日本は「福祉国家」ではなく「土建国家」だった。

近年、政府は公共事業費の削減をはじめた。だが、「土建依存症」は重症だった。土建・建設業者は、受注確保のために談合と政治家の買収に血道を上げた。とくに、土建業以外にめぼしい産業がない一部の地方では、深刻な地域経済の危機になっている。

財政制約下で公共事業がこれ以上増やせない状況で、民間主導とか民間活力（民活）による社会資本整備といったキーワードが登場してきた。鉄鋼や造船など重厚長大産業を中心に構成される「日本プロジェクト産業協議会」は、民活型の大規模プロジェクト推進を政府に求めた。

東京湾や大阪湾などのウォーターフロント開発やリゾート開発、都市改造などが全国各地で実施された。しかし1989年、北海道広島町《ひろしまちょう》のゴルフ場で使用した農薬が流れ出して、養殖魚9万尾が死ぬ事件をきっかけに、各地で自然保護団体が反対運動を起こした。

地方のリゾート開発は当初から採算性に疑問のあるものが多く、事業が継続できなくなった。事業主体の第三セクターの多くが経営破たんに追い込まれ、さらに自治体財政を追い込んだ。

1990年代以降「失われた20年」の長期経済停滞期に入り、世界経済における日本の存在感も急速にしぼんでいる。ひとりあたりのGDPは、1993年には世界10位だったが、2018年には26位まで急降下した。世界のGDPに占める日本のシェアは、1990年の13・7%というシェアから、2019年には5・9%に急落した。現在のまま推移した場合には、国際機関の予測によれば、2040年には3・8%まで低下する。

それでもバブルの夢から覚めないのか、手を替え品を替え無駄な公共事業はつづいている。時計の針を20年以上も巻き戻したような公共事業が「高規格堤防」、通称「スーパー堤防」の建設だ。これは堤防の外側がなだらかな幅の広い堤防。水が堤防を越えても、斜面を緩やかに流れて被害を最小限に抑えることができるという。

国土交通省が1980年代に整備を開始、首都圏、近畿圏の6河川で873キロを整備する計画だったが、民主党政権の事業仕分けで「完成までに400年、12兆円もかかるスーパー無駄づかい」と批判されて廃止になった。当時、わずか50キロの区間だけですでに約7000億円もの予算が投じられていたことも明るみに出た。

ところが、安倍《あべ》首相の政権復帰とともに、「国土強靭化《きょうじんか》計画」の一環として2012、13年度で、全国のスーパー堤防整備計画に42億円の予算をつけられ、ゾンビのように蘇《よみがえ》った。

東京都内の江戸川区内では、江戸川、荒川の約20キロが選ばれた。着工を急ぐ江戸川区は住民の移住を強行しようとしたため、猛反発した地域住民が事業取り消しを求めて区を提訴し、現在東京地裁で係争中だ。

住民側の陳述書には、「この地域は過去50年間で浸水被害は一度もなく、理解できない計画のために自分たちの生活が取り上げられる」との怒りの声がつづられている。このほかにも、公共事業をめぐって住民の反対や訴訟が各地で起こされた。

図3-2　水俣病発生地域（水俣市「水俣病　その歴史と教訓2015」掲載資料をもとに作成）

水俣病はなぜ起きたのか

好況の陰で進行していた公害に目を転じてみよう。環境の現代史を語る上で、水俣病は最大のテーマである。産業を最優先し住民を無視した政治がどんな悲劇と結末を招いたか。日本の公害問題が凝縮している（図3-2）。

熊本県八代海（不知火海《しらぬいかい》）の水俣湾一帯は、漁獲量の多い豊かな美しい海だっ

写真3-2　1960年撮影のチッソ水俣工場（毎日新聞社／アフロ）

た。その水俣湾一帯で１９５０年代に入って、魚介類や野鳥やネコが異常な行動をする現象が現れはじめた。やがて不知火海の南側で多くの魚が浮き上がった。

　１９５６年４月21日、熊本県水俣市の月浦《つきのうら》地区の幼児が、重い症状を訴えて「新日本窒素肥料水俣工場」の附属病院に入院した（社名は１９６５年１月に「チッソ株式会社」と改称。以下「チッソ」）。この工場は、アセトアルデヒドを製造していた（写真３－２）。これは酢酸など多くの工業薬品の原料、また塩化ビニールや合成ゴムの中間原料であり、窒素肥料、殺虫剤などきわめて用途の広い化合物である。

　その後、同じような症状を訴える患者が３人来院、５月１日に病院長の細川一《ほそかわはじめ》は「原因不明の脳症状の患者４人が入院した」と水俣保健所に連絡した。この日が「水俣病の公式確認日」である。細川はその後、排液で汚染された魚をネコに与えた実験で水俣病の再現に成功し、病院長の職をなげうってまで原因解明に取り組んだ。水俣病の結末を知ることなく、１９７０年に肺がんで亡くなった。

細川の調査では、１９５３年12月以来発病者は54人にのぼりうち17人が死亡した。その主要な症状としては、手足の末梢神経の感覚障害、運動失調、視野狭窄《きょうさく》、言語障害、手足の震えなどがある。１９５５年ごろからは、母親の胎内で中毒にかかった悲惨な胎児性水俣病患者が多発していた。熊本、鹿児島両県によると、胎児性水俣病の認定患者は少なくても77人にのぼる。

附属病院に加えて、保健所、医師会などが「水俣市奇病対策委員会」を設置して、熊本大学医学部に原因究明を依頼した。熊本大学では「水俣病医学研究班」（以下「熊大研究班」）を組織して、現地で患者の診察や検査を行うと同時に、死亡した患者を病理解剖して調べた。

その結果、熊大研究班は１９５９年７月に開いた報告会で「水俣湾産の魚介類を食べることによって発生した神経系の疾患であり、原因は有機水銀がもっとも注目される」と発表した。この有機水銀説に対し、チッソ側の幹部は猛反発して認めようとしなかった。

化学会社の業界団体である日本化学工業協会（日化協）の「産業排水対策委員会」は１９６０年４月、田宮猛雄《たみやたけお》東大名誉教授を委員長とする委員会、通称「田宮委員会」を任命した。日化協は「中立的、科学的見地から水俣病に取り組む」と強調した。

工場排水を原因と疑っていた水俣市漁業組合は、1957年に工場と県知事に排水対策を講じるよう申し入れたが、何ら対策は講じられなかった。その間にもチッソの排水垂れ流しはつづき、1960年ごろから八代海（不知火海）沿岸や付近の島にも水俣病患者が激増していった。

御用学者の登場

田宮委員会設置後ほどなく、委員のひとりの東京工業大学の清浦雷作《きようらいさく》教授が「有機アミン説」を発表した。アミンとは微生物による発酵や腐敗でできる物質で、自然界に普通に存在する。熊大の研究者は、「議論にも値しない珍説」と受け取った。だが、自説に固執する清浦は、パンフレットをつくって池田勇人《いけだはやと》通産相に提出し、記者会見を開いて大々的に発表した。この説の検証に時間をとられて水俣病の原因究明は大きく遅れることになった。

1959年10月に開催された「厚生省食品衛生調査会・水俣食中毒特別部会」で、熊大研究班を中心とする水俣食中毒特別部会が有機水銀中毒説を報告した。調査会の報告は、政府や企業の反発を恐れて有機水銀の発生源に触れていない妥協の産物だった。それでも「有機水銀原因説」を受け入れて答申が作成され、厚生大臣に提出された。

この段階で、水銀排水が止められていれば、被害者は何分の一かに抑えられたはずだが、無視されたために、世界でもっとも大規模で悲惨といわれる産業公害事件に発展していった。

当時の通産省は「有機水銀化合物を原因とするには多くの疑点がある」として、チッソをかばいつづけた。チッソは戦前には多くの傘下企業を国内や朝鮮、満州などに抱え、政府や軍部とも関係の深い国策会社だった。

食品衛生調査会の答申案に対して、池田は閣議で「有機水銀がチッソ水俣工場から流出したという結論は早計であり、慎重な調査を要望する」と否定的な発言をして、答申は葬られた。当時、高度経済成長の真っ最中。池田はその旗振り役で、産業の保護には格別熱心だった。

池田発言を受けて食品衛生調査会は「工場廃液の疑いは濃いが、食品衛生調査会での研究はこれが限界。残る問題は関係省庁に任せたい」といって、水俣食中毒特別部会は解散した。池田のツルのひと声の影響は大きく、水銀廃液の排出停止を表立って主張する省庁はなくなった。水産庁だけは、漁業被害防止の立場からチッソの排水を止めるべきだと考え、水俣工場に対し工場排液の採取を要請したが、工場側は通産省と図って拒否した。

池田発言の後、チッソは8年半もの間、水銀を含んだ排水を垂れ流しつづけた。この間も水俣病患者は増えつづけた。池田の関心は中毒に怯《おび》える住民ではなく、化学品の原料になるアセトアルデヒド生産の継続にあった。

　有力化学企業チッソが水俣工場の排水を止めれば、化学品の生産が大きくダウンし、それが経済政策に悪影響を与えることを危惧《きぐ》していたと思われる。チッソはこれを原料としてつくる酢酸と酢酸ビニールの生産では、全国トップクラスのメーカーだった。

　2013年7月13日に放映されたNHKのテレビ番組「戦後史証言プロジェクト　日本人は何をめざしてきたのか　2013年度『地方から見た戦後』第2回　水俣　戦後復興から公害へ」で、当時の政府部内の空気を知ることができる。

　池田が答申を否定した1959年11月当時、「水俣病の原因究明を最初からやり直す」として経済企画庁水質保全課に連絡協議会ができ、通産、厚生、建設、農林などから課員が集められた。

　そこに通産省から出向していた課長補佐がNHKのインタビューに答えてこんな証言をした。彼がチッソの排水停止を主張すると、毎週のように通産省の官房から呼び出されてきびしく叱責《しっせき》されたという。

「何を言ってるんだ。今（排水を）止めて見ろ、チッソが止まったら、日本の高度成長はありえない。ストップなんてことにならんようにせい」

　当時の記録を読むと、通産省の軽工業局長ら政府関係者が、恥ずかしいほど率直に水俣病を否定し、チッソを擁護しているのがわかる。「アセトアルデヒドの重要度は水俣の人命以上だ。国の最重要課題はさらに経済成長を重ねていくことであり、そのためには原因究明や救済は後回しにしてもかまわない」という意味の発言もある。

1992年にリオデジャネイロで開催された国連環境開発会議で、「環境と開発に関するリオ宣言」が採択された。その第15原則は「重大あるいは取り返しのつかない損害の恐れがあるところでは、十分な科学的確実性がないことを、環境悪化を防ぐ費用対効果の高い対策を引き伸ばす理由にしてはならない」。会議場で会った宣言の起草委員のひとり、国連時代の元同僚に質《ただ》したらこの原則は水俣病を意識したものだという。

水俣病の原因追及のさなか、1965年5月に新潟大学から新潟県衛生部に「原因不明の水銀中毒患者が阿賀野川《あがのがわ》下流海岸地区に散発している」と報告があり、新潟でも水俣病が発生していたことが明らかになった。

1967年6月には、新潟水俣病患者らが汚染源とされる昭和電工を相手どって慰謝料請求を新潟地裁に提訴（新潟水俣病第一次訴訟）し、わが国ではじめての本格的公害裁判がはじまった。4年後に第一次訴訟の判決が下り、昭和電工に水銀中毒を発生させた過失責任があるとして原告が勝訴した。これは、公害による健康被害に対して、企業の損害賠償を認めた画期的な判決になった。

このような状況に押されて、政府は1968年9月、水俣病に関する以下の公式見解を発表した。「水俣病は、メチル水銀化合物による中毒性の中枢神経系疾患であり、チッソ水俣工場のアセトアルデヒド製造工程で副生されたメチル水銀化合物が工場排水とともに排出され、環境を汚染し、魚介類にメチル水銀化合物が濃縮蓄積され、これらの魚介類を地域住民が多食することにより生じたものである」

これによって、水俣病は公害病と公式に認定された。発見から12年が経っていた。一方で、原因をあいまいにして、結論を先延ばしにしてきた政府は、結果的に大きな代償を支払うことになった。

終わりなき水俣病訴訟

政府の統一見解後、1969年6月14日には熊本水俣病患者・家族のうち112人がチッソを被告として、熊本地裁に損害賠償請求訴訟（熊本水俣病第一次訴訟）を起こした。被告のチッソは「工場内での有機水銀の発生やその廃液による健康被害は、予見が不可能であり過失責任はない」と主張した。

熊本地裁は1973年3月20日に原告勝訴の判決を言い渡した。「化学工場が排水を放流する際には、地域住民の生命・健康への危害を未然に防止すべき注意義務がある」として、公害による健康被害の防止についての企業の責任を明らかにした。

勝訴後、原告以外にも認定申請をする患者が次々に増えていった。しかし、国や県は極端に狭い認定基準を設け、最高裁をはじめ多くの裁判所が、認定基準を否定する判決を下したが、国は「行政は司法と異なる」として判決を拒絶した。その後も未認定患者の直接交渉や訴訟はつづいた。この認定基準はその後も見直されることなく、患者切り捨ての手段となってきた。

新たな患者として認定申請しているが、行政が認定の判断をしていないためにチッソから補償を受けていない人は2000人以上いる。何度も、和解や解決が図られたが、そこから漏れた人たちは運動や裁判をあきらめなかった。

政府が公害健康被害補償法に基づいて公式に認定した患者は、熊本・鹿児島の両県で2018年3月末までに、2996人（熊本県1789人、鹿児島県493人、新潟県714人）。このうち生存者は、501人（熊本県262人、鹿児島県90人、新潟県149人）になった。

数字には上がってこないが、行政的に救済の対象になった人は5万人を超え、さらに救済制度にかかわってこなかった人や死亡者を加えれば、さらに増える可能性があると、患者団体は主張している。

1973年、環境庁が25㏙以上の水銀を含む水俣湾の底質を、すべて除去する方針を打ち出した。1977〜90年に総額485億円をかけて、水銀を含んだヘドロを取り除き、約58ヘクタールが埋め立てられた。熊本県知事は1997年に「安全宣言」を出した。しかし、水俣病をめぐる対立や混乱は収まらなかった。

与党三党によって1995年、「最終的かつ全面的な解決」に向けた方策がまとめられ、未認定患者に対する一時金を一律260万円とする和解案が提示され、原告側も受け入れた。同時に、原因企業から一時金が支給されるとともに、医療手帳が交付された。医療手帳の対象外であっても、一定の神経症状があれば保健手帳が交付され、医療費の自己負担分などが支給されることになった。

これまでチッソが患者に支払った補償金の総額は、約1700億円にのぼる。地球環境経済研究会は編著『日本の公害経験』(1991年)で、こんな試算をしている。チッソが、毎年1億2300万円を公害防止に投資していれば、推定被害(健康・漁業・環境への被害)総額が126億3100万円にもならなかった。

差別・偏見・無理解

患者や地域住民への差別、偏見、無理解は現在でもつづき、水俣病はまだ終わっていないという思いを新たにする。最初に原因不明の病気が集団発生したときは伝染病ではないかと警戒され、患者の出た家は消毒された。病院でも隔離病棟に入れられた。これが差別の第一段階だった。原因がわからずに、適切な治療を受けられないまま、多くの人びとが亡くなった。

原因として汚染された魚が疑われるようになると、今度は漁民が魚をとってもまったく売れなくなった。一家の働き手が倒れて収入の道が閉ざされ、さらに治療費が追い打ちをかけた。これまで普通に暮らしていた集落で、水俣病とわかると周囲から疎まれるようになった。地域社会とのつながりまで壊れていった。差別の第二段階である。

患者だけでなく水俣市民も他地域の人びとから差別を受けるようになった。水俣出身者ということだけで就職や結婚が断られたり、子どもが学校で苛《いじ》められたり、水俣市を通るとき汽車やバスの窓が閉められたりすることもあった。そのため、市民は自分の出身地を隠すようになった。差別の第三段階だ。

補償金を受け取る段階になると、補償をもらえる人ともらえない人とで分断された。補償をもらった人のなかに「ニセ患者」がいるという噂もあった。多くの患者は、認定を受けたり医療手当をもらっていることをタブー視して隠すようになり、親子でさえその事実を知らないことがある。差別の第四段階である。

水俣を歩く

チッソ水俣工場から排水され水俣湾に堆積《たいせき》した水銀量は、約70～150トンと推定される。ヘドロの除去作業は、熊本県が事業主体となって1977年に着手し1990年に終了した。除去基準の総水銀25ppm以上を含むヘドロの層は厚さ4メートルもあり、それが約209ヘクタールに広がっていた。総量は約151万立方メートルにものぼった。

水銀濃度の高い湾奥部を仕切って埋立地とし、比較的濃度の低い区域の汚泥を浚渫《しゅんせつ》して埋立地に移し、その上を土で覆い水銀を含む汚泥を封じ込める工事だ。この事業に約14年と総事業費約485億円が投じられた。総事業費の約6割の306億円をチッソが負担し、残りは熊本県と国の公費が投じられた。

その結果、浚渫前の1985年に調査した湾内の610地点の底質中の総水銀値は最高で553ppmあったのが、2年後の湾内84地点の確認調査では、最高12ppmまで下がったことが確認された。

水俣湾の魚介類の水銀濃度は、1968年にチッソがアセトアルデヒドの生産を停止してから下がりつづけ、熊本県の調査で1994年には、平均値で国が定めた暫定基準（総水銀0・4ppm、メチル水銀0・3ppm）を超える魚種はいないことが確認された。このため、1997年には、熊本県知事が安全宣言を行った。

水俣湾の水質は大幅に改善され、熊本県でも有数のきれいな海となって海水浴もまったく問題がなくなった。しかし、汚染魚の捕獲により湾内の魚が激減し、水揚げ量は全盛期の3分の1ほどだ。

「水俣環境アカデミア」の古賀実《こがみのる》所長（前熊本県立大学学長）と二十数年ぶりに再会し、水俣市内をいっしょに歩いた。アカデミアは市の施設で、水俣の情報発信や、地域の課題解決に役立つような研究・実践の場とすることを目指して2016年に開設された。

1970年代はじめに訪ねたときには、患者や支援団体が「怨」と染め抜いたのぼり旗をひるがえしていた。街の風景は一変していた。ただ、1932年から68年まで工場廃液を不知火海に流し込んだ「百間排水口《ひゃっけんはいすいこう》」は昔の姿をとどめ、金網に囲まれて残されていた。当時は「水俣病爆心地」と呼ばれていた。

湾の一部は埋め立てられて、58ヘクタールの広大な公園につくり替えられた（写真3－3）。公園の名称は「エコパーク水俣」。足下には、水銀を含んだ未処理ヘドロが東京ドームの3杯分も埋まっている。行政が漁師から汚染魚を買い上げて詰めた大量のドラム缶も、いっしょに埋められたという。

野球場、競技場、テニスコート、水族館、バラ園、道の駅など至れり尽くせりの施設がそ

写真3-3　埋め立てられた水俣湾

ろっている。公園全体の年間利用者は20万人を超える。親水護岸には広いデッキがあり、水俣病の慰霊碑がある。ここで毎年、水俣病犠牲者の慰霊式が行われる。

親水堤防沿いに広い芝生が広がり、点々とお地蔵さんが立つ。水俣病で家族を亡くした人たちが不知火海に臨む場所に立てたという。その一角に立つパネルには、「今、公園になっている場所が過去にきれいな海であったこと、そして元の海には戻すことが出来ないことを忘れてはいけません」という言葉が刻まれていた。

エコパークに隣接した高台の敷地内には、国立の「水俣病情報センター」、県立の「環境センター」、市立の「水俣病資料館」の施設が建てられ、離れた山のなかには「環境省国立水俣病総合研究センター」がある。

「市立水俣病資料館」では、大型スクリーンやモニターテレビ13台で水俣病を学ぶことができ、水俣病の患者や家族などの「語り部」から、体験談を聴くこともできる。全世界から見学者が訪れる。

チッソ株式会社は、水俣病の補償業務を専業とする会社になり、2011年からは事業部門を子会社のJNC株式会社に移管した。現在でも、企業城下町時代の遺産が残り、JNCは地元高校の人気就職先で、会社は市政にも影響力をもっているという。

1972年にストックホルムで開催された国連人間環境会議に、胎児性水俣病患者の坂本《さかもと》しのぶさんらが出席し水銀汚染の恐ろしさを身をもって世界に伝えた。ここから水俣病が世界に知られるようになった。しかし、水銀汚染による被害はその後も相次ぎ、フィリピンやブラジルなどの途上国では、金鉱山の精錬過程で水銀を手作業で扱うことから健康被害が出ている。

2009年、150ヵ国以上が集まり水銀規制の新たな国際条約をつくることで合意した。2013年に熊本市と水俣市で条約の準備会合が開催され、約140ヵ国・地域の政府関係者、国際機関、NGOなど1000人以上が出席して、「水銀に関する水俣条約」として合意された。条約名の通称は「水俣条約」に決まった。全会一致で採択され、2017年5月、発効の要件の50以上の国が批准して8月に発効した。

3．環境を救ったものは

追い込まれた政府

刻々と環境が悪化するなかで、国の公害対策は進まなかった。１９５５年に厚生省が「生活環境汚染防止基準法案」を作成したが、産業界や通産省などの反対によって国会に提出できなかった。公害対策に産業界はきわめて消極的だった。

一方で、健康被害が各地で増えていき、国民の間で政治不信が高まってきた。全国で活動する環境の市民団体は、１９７２年の最盛期に１８２市町村で２９２団体におよんだ。

企業の責任や国・自治体の責任を追及する声が高まり、公害に対する危機感は革新勢力を後押しすることになった。１９６７年の美濃部都政の誕生以来、70年代末までに10人近くの革新系知事が誕生した。社会党の公認・推薦市長は、１３０人の大台に乗った。その多くは選挙で公害反対を掲げた。

政府が手をこまねいているうちに、佐藤《さとう》内閣の支持率は20％台にまで落ち込み、政権崩壊に発展する可能性もはらんでいた。政府は挽回策《ばんかい》として、内閣総理大臣を本部長とする首相直属の公害対策本部を立ち上げ公害政策の見直しを宣言した。

1970年には第64回臨時国会、通称「公害国会」が召集され、公害関係14法案が提出されて可決、成立した。内訳は、水質保全法と工場排水規制法を統合した「水質汚濁防止法」、それに「廃棄物処理法」「公害犯罪処罰法」など6件の新規立法案と、「公害対策基本法」「自然公園法」「大気汚染防止法」など8件の改正案である。

なかでも重要なものが、「公害対策基本法」の全面改正だった。それまでの公害関係法制は、環境保護より経済発展を重視する考え方が根強く残り、経済の発展との調和を求める「経済調和条項」が盛り込まれて、論争の的になっていた。一連の法改正で「経済との調和」の条項は削除された。

代わって、「公害のない国民生活が国の公害対策の基本である」とし、「国民の健康と生活を守り生活環境を保全する」ために、環境基準の設定、公害防止計画の設定などが盛り込まれた。産業優先から国民の福祉優先への劇的な転換となった。

「人の生命を何よりも大切にする」を掲げた初代長官

これだけ膨大な公害関係法をどこが権限を持って実施するのか。すでに、各国で「環境行政の一元化」が進められていた。１９６9年にはスウェーデンで環境保護庁が、70年には米国と英国で環境保護局と環境省がそれぞれ設置された。日本でも、１９７1年7月1日に環境行政を一元化する環境庁が発足した。

公害行政を整理したところ、大気汚染、水質汚濁、騒音、土壌汚染、地盤沈下、鳥獣保護、国立公園管理など13省庁にまたがり、関係する課は計53もあった。職員は各省庁から寄せ集めだった。厚生省の２８３人を筆頭に農林省61人、通産省26人、経済企画庁21人など、職員総数５０１人でスタートした。

当初の環境庁は霞《かすみ》が関《せき》から離れた中央線千駄《せんだ》ケ谷《がや》駅近くにあった。私は初代の環境庁詰め記者として庁舎に駆けつけた。以前に東京通産局が使っていた木造3階建ての老朽化が進んだ建物だった。ここに、職員や記者が数百人も集まったので、床が抜けないか気が気ではなかった。

経済優先、企業保護という空気は、環境庁発足でがらりと変わった（２００1年1月、省庁再編で環境省になった）。初代環境庁長官には、環境庁設置準備を進めてきた山中貞則《さだのり》総務長官が5日間だけ兼務することになった。その後の新長官に大石武一《おおいしぶいち》衆議院議員が就任した。

東北大学医学部助教授の医師だったが、父の後を継いで政治家になった。長官に就任したとき、「人の生命を何よりも大切にする」ことを理念に掲げた。まず手をつけたのが、混迷を深めていた水俣病認定問題と、その後の自然保護運動の原点にもなった尾瀬《おぜ》自動車道路の建設中止問題との二つである。

環境問題にかける情熱や気骨があり、従来の政治家とは肌合いが異なり知的ではっきりした物言いから、たちまち人気を博した。全国各地からやってきた陳情団に、時間さえあれば誰とでも気安く会って話を聞いた。長官在任の1年間に環境庁に寄せられた陳情は、ざっと3000件。直接会った人だけでも350人を数えたという。

これまで、環境庁長官・環境省大臣は26人を数え、そのうちの何人かと直接話したことがあるが、大石以外にこれだけ熱っぽく環境を語る政治家に会ったことがない。

衆議院議員10期、参議院議員1期を務め、引退後も財団法人「緑の地球防衛基金」を設立し、環境保護運動に貢献した。彼が長官にならなければ、その後の環境庁も違ったものになったと思う。94歳で亡くなった。

記者たちも意気が上がっていた。記者クラブの会合でも、襟を正して取材にあたり仮にも「李下《りか》に冠的なことはやらない」と申し合わせた。大石は着任後、大気汚染で訴訟になっていた四日市市に視察に出向いた。記者も随行した。

取材が終わったところで、四日市市役所の担当者が随行記者たちと懇親会をやりたいという。案内された旅館の座敷には料理が並んでいた。幹事は申し合わせ通りに「生憎《あいにく》この記者クラブは全員下戸でして」と接待を断った。

当時は役所が記者を供応することは当たり前だったので、担当者は「何か不始末がありましたか」と真っ青になっていた。現役の環境省記者クラブ員にたずねたら、最近は社内規定や世間の目が厳しいので、公式な飲み会は割り勘が徹底しているという。

原発事故の尻拭い

創設当時は「正義の味方」として人気を博した環境省も、その後大きく様変わりした。とくに、福島第一原発の事故後、原発行政への批判から2012年に機構が改革され、経産省の「原子力安全・保安院」が環境省の外局の「原子力規制委員会」に変わり、その事務局として「原子力規制庁」が置かれた。

職員数は増強されて事故前の1224人から、2019年には3173人と2・6倍にもなった。当初予算は事故前の2218億円から、2019年度には大震災復興特別会計、エネルギー対策特別会計を含めて8874億円に膨れ上がった。他官庁からは「焼け太り」と陰口をたたかれた。その一方で、「実力以上の権力を抱えてパンクしそうになり、他省庁の助けを借りて何とかやっているのが実情」という批判もある。

相変わらず経産省の影響が強く、電力業界との癒着体質が温存されて原発規制を担う役所としての信頼性が疑問という声もある。「原子力規制庁」の長官は経産省と警察庁のたすきがけ人事で環境省はカヤの外だ。その下の上級幹部も経産、文科、警察などの各省庁の指定ポストになっており、親省庁の思惑を反映できる構造になっている。

「焼け太り」によって、新たに原発事故で発生した「除去土壌等」の処分という重荷を背負わされることになった。福島県には、原発事故から8年がたつ現在も校庭、駐車場、空き地、家の軒先などに緑色のシートに覆われた「除去土壌等」が約8万6０００ヵ所で「現場保管」されている（２０１9年3月現在）。

福島県を含む8県で、放射線量を下げるために土や草木などを取り除いてできた「除去土壌等」は、約１７００万立方メートル、東京ドーム14杯分もある。環境省の方針で現場保管されたごみは各自治体が管理する仮置場にいったん置かれ、その後、福島県内のものについては中間貯蔵施設に運び込むことになっている。最終的に、２０４5年までに福島県外で処分する。

仮置場は3年程度で解消するとしていたが、依然として進んでいない。理由は、中間貯蔵施設の建設の遅れだ。１６００ヘクタールの広さが必要だが、用地交渉が遅れて福島県内の除染ごみの約24％しか搬入されていない。しかし、住民の不満の矢面に立っているのは、実務を担う地元自治体だ。

環境省は、一定基準以下の「除去土壌等」を、道路堤防などの建設資材に「再生利用」する方針だ。除染ごみの中から、放射性物質の濃度が低い土を選び、資源として全国の公共工事などで使おうという計画である。ただ、この場所として真っ先に選ばれたのが福島県内。地元では、もともと県外で処分するはずのものが、なぜ福島で利用されるのかと反発している。

環境省への不信感も高まっている。風評被害も依然として深刻だ。現在、市場に流通している福島県の野菜や果物は安全が確認されたものばかりだが、価格は回復していない。とくに韓国は原発事故後、段階的に水産物輸入の禁止規制を強め、福島、宮城など8県で水揚げ・加工された全水産物の輸入を禁止する措置をつづけている。住民は風評被害を払拭《ふっしょく》するためにも「除染ごみを早くなくしてほしい」と環境省にきびしい視線をそそいでいる。

自治体が果たした役割

公害を乗り越えた1980年代から90年代にかけて、日本の環境改善は国際的に話題になっていた。私も途上国や旧東欧諸国から呼ばれて、日本の環境政策を話す機会が多くなった。そのときもっとも強調したのは、日本の自治体と市民運動の果たした役割だった。

地域で公害問題が発生すると、まず矢面に立たされるのは自治体である。それだけに、自

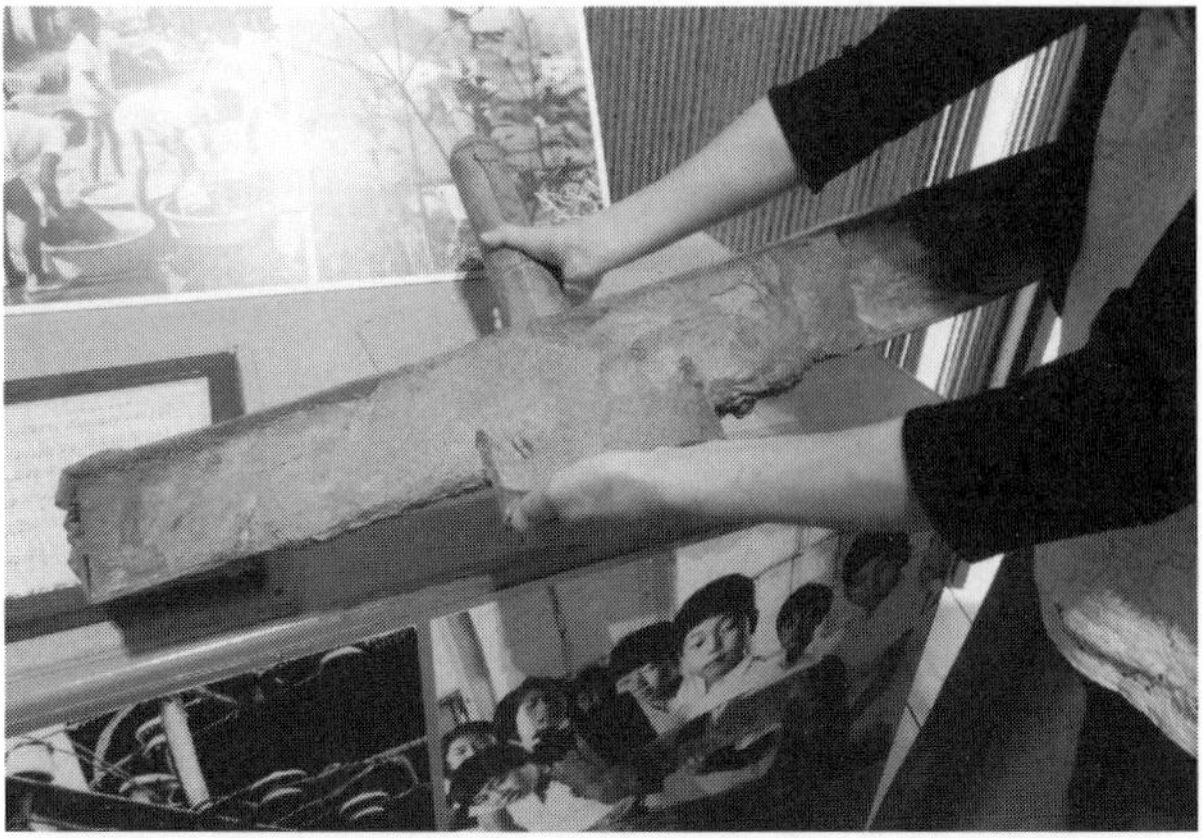

写真3-4　降下煤塵で埋まった小学校の雨どい（環境ミュージアムの展示より）

治体や職員は早い段階から真剣に公害へ取り組んでいた。

経済復興期のエネルギー源は石炭だった。燃焼に伴って大量の黒煙や煤《すす》を発生させた。北九州市の環境ミュージアムで、降り積もった降下煤塵《ばいじん》で、雨どいがコンクリートで塗り込めたように縁まで塞《ふさ》がっている現物をみたことがある（写真3－4）。

とくに煤塵の量は石炭の消費量が伸びるのにつれて急増した。大阪市を例にとると、敗戦の年の1945年は降下した煤塵の量は、1平方キロにあたり月平均3トン程度だったが、60年には12トンと4倍に増加した。厚生省（当時）の測定では、1964年に1平方キロあたり1カ月間の降下煤塵量は、東京、札幌、大牟田《おおむた》（福岡県）などで20キロを超えた。

当初、公害にほとんど関心を示さなかった国に代わって、自治体は対策に取り組んでいた。1949年に東京都は「工場公害防止条例」を制定、50年には大阪府が「事業場公害防止条例」、51年には神奈川県が「事業場公害防止条例」、55年には福岡県が「公害防止条例」を定めた。しかし、これらの条例では、排出を規制する権限は与えられていなかったために効果は薄かった。

1960年代に入ると、京浜、中京、阪神、北九州などの大気汚染は「激甚公害」と形容されるほど激しくなり、これに工場が発する騒音、振動、廃水、悪臭なども加わった。1969年にまず東京都で、関連条例を統合して「幸福追求権」を基本的権利とし、行政への住民参加の制度を盛り込んだ「公害防止条例」を制定した。ついで神奈川・川崎市などいくつかの自治体で公害防止条例の中に実質的な総量規制の導入をするものが現れた。

大気汚染防止法では、都道府県知事は排出基準を独自によりきびしく設定することができると定められた。これは「上乗せ規制」と呼ばれる。加えて「横だし規制」といわれて規制基準や規制対象施設を追加することもできた。

こうした柔軟なルールによって、地域の状況に応じて環境規制を強化することができるようになった。また、企業と「公害防止協定」を結んで地域の実情に即した対策が図られた。こうした自治体の先取りした取り組みが、国の公害防止対策を先導する役割を果たした。

ポーランドの政府の環境部局の勉強会で、自治体の独自規制の「上乗せ」「横だし」が公害防止に効果的だったことを強調した。聴いていた職員らが気に入って、「ウワノセ」「ヨコダシ」がちょっとした流行語になった。

牢固《ろうこ》とした社会主義と官僚制から解放された東欧諸国で、若手が主導権をにぎって民主国家の再建に燃えていたときだけに、柔軟な行政手法が新鮮に響いたのだろう。

志を持った自治体職員

こうした被害者の要求と国の消極的な公害行政の板挟みになっていたのが、自治体職員だった。各地で献身的に環境に取り組む職員に出会い、その後も親交を重ねた人が少なくない。そのひとりで、北九州市の公害部局の職員だった中薗哲《なかぞのさとし》の話を聞いてみたくなって、会いに飛んでいった。

二十数年ぶりに会う中薗は、課長、部長、環境科学研究所長を経て、「環境ミュージアム」の館長になっていた。北九州を世界的に有名な環境都市に育て上げた立役者でもある。ミュージアムでは、身近な環境問題から地球環境問題まで学ぶことができ、市の環境教育の要《かなめ》になっている。かつての公害時代の話になると、話が止まらなくなった。

1980年には北九州市は、「北九州国際技術協力協会」（KITA）を創設して、途上国などへの人材育成支援や専門家派遣など、自分たちの経験や技術を世界に広げる活動を開始した。最悪の公害を克服した体験は、説得性があった。これまでに165ヵ国で約9000人の研修員を受け入れた。中薗は、KITA環境協力センター所長として講演や会議出席のために世界を飛び回る忙しい毎日だったという。

「長いこと環境行政に関わってもっとも記憶に残ることは」とたずねると、「1987年に環境庁から『星空の街』に選ばれたことだ」という。「それまで大気がきれいになったといってもピンとこなかった市民が、選ばれてやっと実感できた」という。

1985年にOECDが発表した「環境の状況報告書」において、北九州市は「灰色のまちから緑のまちへ劇的に変わった」と紹介された。1992年にブラジルのリオデジャネイロで開催された国連環境開発会議（地球サミット）で、「国連地方自治体表彰」を受けた。これは、世界中で持続可能な開発や環境保全に取り組んできた12都市に与えられ、北九州市は日本で唯一の受賞になった。

1997年には、環境を取り戻した「奇跡の町」として国連環境計画（UNEP）の「グローバル500賞」を受賞、2011年にはOECDによって環境問題を解決しながら経済を発展させている「グリーン成長都市」に選ばれた。そのほか、さまざまな国際的な活動拠点に選ばれてきた。

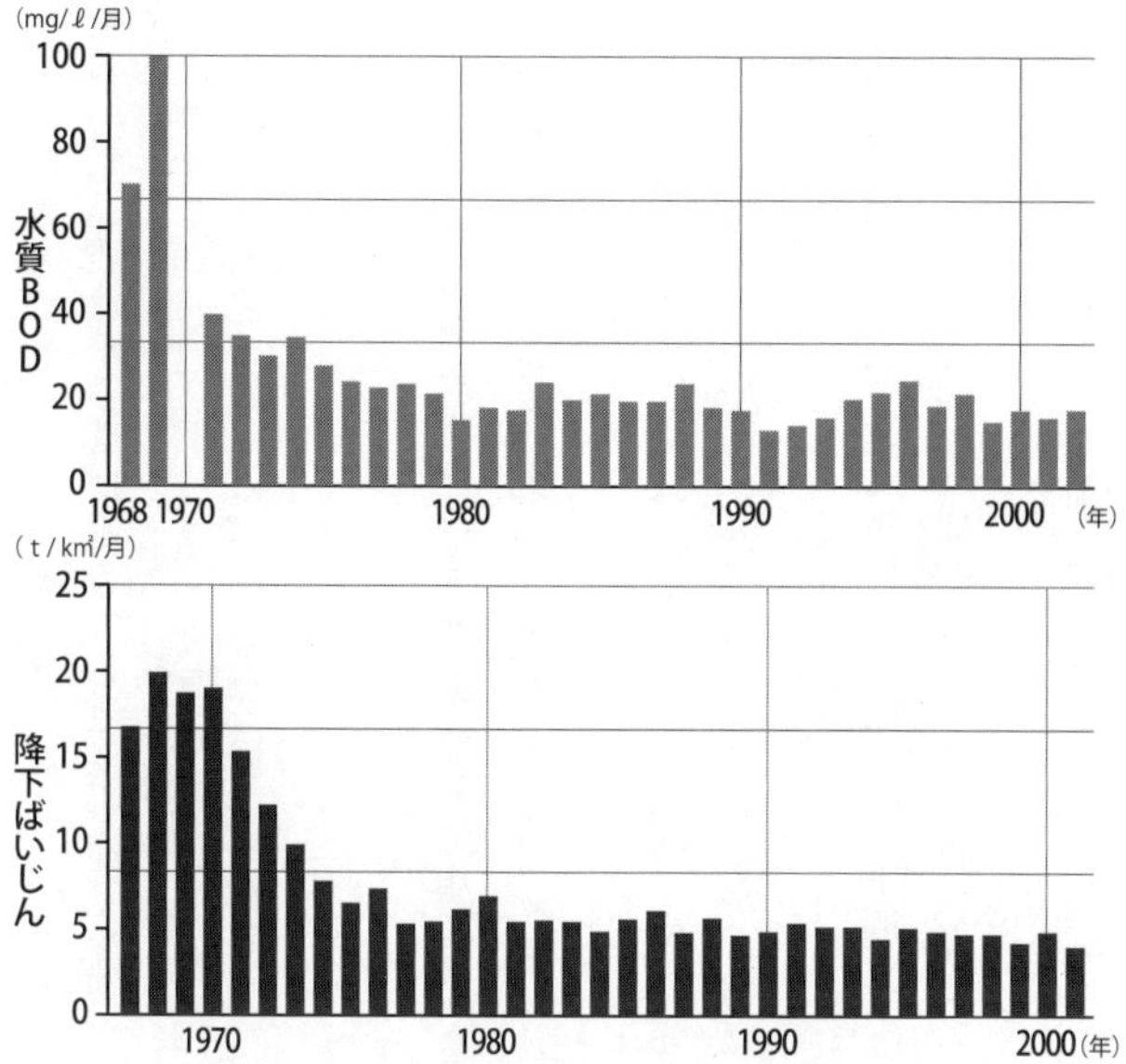

図3-3　北九州市の水質、降下煤塵の推移（北九州市発表）

立ち上がった女性

「北九州市で公害反対の起爆剤になったのは何だったのでしょう」と中薗に水を向けると、「婦人会の活動でしょう」という答えがたちどころに返ってきた。主婦たちが大気汚染反対に立ち上がったのは、子どもや夫の健康の心配と洗濯物が煤塵で汚された恨みからだった。この運動が戦後はじめての組織的な公害反対活動になった。

１９６０～70年代、「煤煙の空」と呼ばれた北九州の大気汚染は、国内最悪を記録していた。同時に、沿岸に大工場が軒を連ねる洞海湾は、工場廃水が溜まって「死の海」になっていた。ドロドロの海水が岸に打ち寄せると、幾重もの黒い波紋が砂浜に残るのを見て、怖気《おじけ》を震った。

八幡《やはた》市（現・北九州市）は、八幡製鉄所（現・日本製鉄）の企業城下町として工場の煙突がはき出す「七色の煙」は、活気ある街の象徴だった。当時の「八幡市歌」の2番は、こんな歌詞だ。


焔《ほのお》延々波濤《はとう》を焦がし／煙もうもう天に漲《みなぎ》る／天下の壮観我が製鉄所／八幡八幡われらの八幡市／市の進展はわれらの責務

市職員や市民がこの歌を歌っていた当時、煙は発展の証《あかし》であり誇りだったのだろう。八幡製鉄所の戦前の観光絵葉書が残されているが、林立する煙突から出る信じられないほどもうもうたる煙が空を覆っている（写真3‐5）。

隣の戸畑《とばた》市（現・北九州市）では、工場排煙によるひどい大気汚染に悩まされ、洗濯物が干せないという主婦の苦情が渦巻いていた。煤煙の汚れはしつこくてなかなか落ちなかったという。

その中心になった同市の中原《なかばる》婦人会は1951年に、独自に煤煙の調査に乗り出した。校

写真3-5　七色の煙とうたわれた1960年代の北九州市（北九州市提供）

区内の4ヵ所で、洗濯物を3ヵ月間昼夜にわたって屋外に干し、その結果、工場に近いほど汚染がひどく、洗濯をしても落ちないことを突き止めた。それをもとに市役所と市議会に対策を講じるように強く求め、ついに工場に煤煙除去装置を設置させた。当時の価格で9000万円もかかったという。

運動は戸畑地区婦人会などにも広がり、専門家を招いて学習会を開き、大学に通って大気汚染の測定を学んだ。さらに13の婦人会の会員6000人が参加して、「青空が欲しい」と題する調査報告書をまとめた。そのなかで、喘息が増えている事実が明らかにされた。

それが、企業幹部や市議会を動かし、煤塵の規制強化を勝ち取っていった。女性の公害反対運動の先駆けとして、内外に知られるようになり、

「アジア女性交流・研究フォーラム」「アジア女性会議」「NGO世界女性会議」に代表を送り込み、世界に活躍の場を広げていった。

中原婦人会の現会長の佐藤妙子《さとうたえこ》に話を聞くことができた。「私たちの婦人会から運動がはじまり、世界から注目されたのは大きな誇りです。夫が公害を出した発電所に勤める奥さんまで参加してくれました」

公害反対の歴史を調べていると、女性の力がいかに大きかったかがわかる。その多くは「子を守る母」の強さだった。

兵庫県尼崎市では、1万1208人が公害病と認定され4200人以上が死亡した。主婦の松光子《まつみつこ》は、生後3ヵ月の息子が大気汚染に冒されたと知って、仲間を募って「尼崎公害患者・家族の会」を結成した。

排ガスなどによる公害病損害賠償を国と阪神高速道路公団に求めた尼崎公害訴訟では、原告団長を務めた。2000年に神戸《こうべ》地裁で汚染物質排出差し止め命令を勝ち取った。そのときの「おばちゃんたちの執念が国を動かした」という談話が多くの人を勇気づけた。

さらに、コンビナート計画を打ち砕いた三島市の婦人連盟、多摩川の自然を守った母親グループ、企業城下町で大気汚染反対に立ち上がった川崎市の婦人会、主婦ではないが東京湾の埋め立て反対に火をつけた3人の女子学生……。

こんなことを思い出した。世界の環境保護運動の源流は、米国の海洋学者レイチェル・カーソンが1962年に出版した『沈黙の春』に遡《さかのぼ》る。「環境保護運動の母」とも呼ばれる。彼女は独身だったが、早世した姉の二人の子を育て、母親の看病や介護をしながら執筆し、環境問題における母性の重要性を強調した。

市民運動が果たした役割

日本の市民運動の歴史は、欧米に追いつこうと殖産興業に力が入れられた明治時代初期にまで遡ることができる。紡績工場などの町工場が集中していた大阪市内では、煤煙に対する市民の苦情が寄せられ、大阪府は数回にわたって排煙を規制する府達を出した。1880年に発せられた府達ではじめて「公害」という言葉が使われた。

明治のはじめ以来、産業を牽引したのは紡績業、銅精錬業、製鉄業だった。その生産拡大とともに汚染の規模が拡大して、1910〜20年には各地で市民運動が起こされた。1911年には「工場法」が制定され、一定規模以上の工場の立地を許可制にして、操業に関して監督できる仕組みを整えた。しかし、政府が後ろ盾になっている殖産興業の前には無力だった。

とくに、明治中期以降から足尾《あしお》銅山（栃木県）、別子《べっし》銅山（愛媛県）、日立《ひたち》鉱山（茨城県）、小坂《こさか》鉱山（秋田県）で鉱山廃水・鉱煙、有毒ガスの発生、地盤沈下などの「鉱害」が発生した。

いずれも生産優先の無理な鉱山開発や操業が原因だった。住民の健康のみならず、周辺の農林水産業にも深刻な被害を発生させた。それぞれに、住民の反対組織が生まれた。足尾銅山の場合には、国会議員の田中正造《たなかしょうぞう》に率いられた反鉱害闘争は、１９０１年には鉱山の操業停止を求めて明治天皇に直訴した。

号外が配られるほどの大ニュースになり、直訴の報を伝え聞いた中学生の石川啄木《いしかわたくぼく》は、「月の渡良瀬川《わたらせがわ》」と題する作文に「この下流は如何に惨状ならずや、鉱毒の田畑に侵入し、荒畑となりし幾万坪ぞ」と怒りをぶつけた。

明治、大正、昭和、平成と、精錬所が閉鎖された１９８０年代までつづけられた。２０１１年の東日本大震災の影響で、かつて鉱毒が流された渡良瀬川下流から基準値を超える鉛が検出され、今なお影響が残っていることが明るみに出た。

公共事業など国家的事業への反対運動は、必然的に体制批判になった。水俣病と戦った宇井純は「日本で反体制運動として機能したのは、階級闘争ではなく市民運動だ」と語っていた。公共事業を批判する市民運動の参加者が、開発側の国の出先や企業の担当者から「お前はアカか」とののしられる現場を目撃したのも、一度や二度ではない。

市民運動は、加害企業や国・自治体に対して正当な補償を求める交渉や裁判などで闘い、さらには、被害者救済や公害の事前防止措置を求める行動を起こした。ときには、工場に座り込んだり殴り込みをかけたり、警備員と殴り合いになったり、暴力沙汰《ざた》に発展することもあった。

だが、反対運動によって地域社会で情報や価値観が共有され世論を喚起した。この結果、行政や企業を動かすことによって対策の進展や補償、開発計画の変更・中止を引き出した例も増えてきた。

広がる被害者

公害反対の市民運動が全国的に盛り上がるきっかけとなったのは、水俣・新潟の水銀中毒、四日市の喘息、富山のイタイイタイ病の四大公害裁判である。政府は、健康被害者に対して補償などを行うため、1974年に「公害健康被害の補償等に関する法律」(公害健康被害補償法=公健法)に基づく公害健康被害補償制度を開始した。補償の対象になった患者は全国にわたっている。

指定対象には「第一種地域」と「第二種地域」がある。「第一種地域」は、広範囲にわたる著しい大気の汚染によって病気が多発している地域で、四日市市、川崎市、尼崎市など41地域が指定された。大田、板橋《いたばし》、足立《あだち》区など東京の19区の幹線道路沿いでも、1000人を超える大気汚染の患者が「第一種認定」を受けた。大気汚染が改善されたことから、1988年3月1日をもって全地域が指定解除された。

「第二種地域」は、大気や水質の汚染物質も発生源も明らかな場合で、二つの水俣病、宮崎県の土呂久《とろく》鉱山周辺の慢性ヒ素中毒症、富山県のイタイイタイ病など5地域が指定されている。

70年代はじめにはマスメディアは連日のように、公害のキャンペーン記事を掲げ、悲惨な公害病患者の実態や企業の拙劣な対応を報じた。発生源の企業と行政の責任を問う声が高まってきた。

国民に大きなショックを与えたのが光化学スモッグだった。1970年7月18日、東京都杉並区の私立立正高校のグラウンドで、運動中の女生徒43人が突然に目やノドの痛み、息苦しさなどを訴えて次々に倒れた。この日の都内の光化学スモッグ被害者は、5208人におよんだ。

それまで公害病といえば、都会生活者にとっては熊本県や富山県の遠い話だったのが、いきなり東京の真ん中で多くの被害が出た。誰でもいつでも公害の被害者になり得ることから、不安が一気に広がった。

この日、私は日本ではじめての「自然を返せ」と叫びながら霞が関を練り歩く自然保護デモを取材していた。そのデモの最中に、杉並の高校で生徒が集団で倒れたらしいという一報が入った。あわてて現場にかけつけたが病院に運ばれた後であり、それまで耳にしたことのない「光化学スモッグ」という言葉に振り回されっぱなしだった。

環境ジャーナリストの川名英之《かわなひでゆき》は、『ドキュメント日本の公害』のなかで、次のように述べている。

「昭和三十年代なかばから四十年代後半にかけての時期の反公害の世論と、これを反映した市民運動の高まりは、政治、経済、社会体制の欠陥・弊害を指摘し、是正するうえで極めて大きな役割を果たした。疾風怒濤のようなこの時代の政治・社会状況の動きは『静かな革命』ということができるだろう」

日本の市民運動は国際的にも評価された。ドイツの環境政治学者ヘルムート・ワイトナーは「ドイツでは環境保全の制度や政策は、上から政府や政党や専門家がつくったのに対して、日本では世論や市民運動が下から提案した」として賞賛している。

ワイトナーは都留重人《つるしげと》と共編で『われわれにとってのモデル：日本の環境政策の成果』をドイツで出版した。そのなかで、「日本から学ぶべきことは、何よりも市民グループや環境政策にかかわる自治体が、汚染者や国に絶えず圧力をかけることによって環境政策が達成されたことだ」と結論づけている。

宮本憲一は『戦後日本公害史論』のなかで「被害の告発、ＰＰＰ（Polluter Pays Principle＝汚染者負担原則）による被害の救済、環境基準、総量規制、アセスメント（環境影響事前評価）、予防原則などの公害対策の原理は、住民の世論と運動の中で生まれた」と高く評価している。

もしも市民運動がなかったら

当時を振りかえってみて、日本であれだけ市民運動が活躍しなかったら、これだけ環境が回復できただろうか、と思う。それはこんな経験からも断言できる。ソ連の衛星国だった東欧諸国で共産主義体制が１９８９年に連続的に倒されて民主化が進んだときに、この復興支援の組織である東中欧環境センター（ＲＥＣ）の理事として働いた。

それまで、東欧諸国は「環境問題は資本主義国の欠陥から起きたものであり、計画経済の東欧においては一切ない」と大見得を切っていた。ところが、鉄のカーテンが上がってみたら、そこにはすさまじい環境汚染が国民を蝕《むしば》む姿があった。

私は東欧・中欧各国の現状を見て回り、各国政府の環境担当者や市民らから実情を聞いた。旧チェコスロバキア、ポーランド、旧東ドイツ３国の国境地帯は「黒い三角地帯」と呼ばれ、文字通り街は煤で真っ黒によごれ、川や湖は工場排水で悪臭を放っていた。この一帯に降り注ぐ硫黄酸化物や粉塵は、川崎市のもっともひどかった時代の20倍もあり、酸性雨でみわたすかぎり森林が枯れていた。私がこれまで出会ったもっとも凄惨《せいさん》な現場のひとつだ。

この惨状から、復興計画のなかで環境対策を優先させることが支援国の間で決まり、日・米・EUが出資してブダペストに環境対策を支援するセンターを設立した。まず、なぜこれだけの汚染が放置されたか。

住民の聞き取り調査から浮かんできた原因は、市民運動がいっさい禁じられていたことだった。国民は、秘密警察に怯えながらひたすら汚染に耐えていた。汚染の告発は政府への反逆行為だった。汚染が原因で、当時の東欧諸国の乳幼児死亡率はアジアの後発途上国なみであり、先天異常の発生率は高く平均寿命は短かった。

限られた予算で汚染を除去するのは不可能であり、私は日本の経験を説明して市民運動の育成を主張した。活動家を養成するプログラムをつくり、組織を立ち上げるための資金を供与した。亡命していた活動家が国外から戻り若手官僚が仕切って、国によっては10年以上かかったが住民・社会運動が育ち、彼らの運動で国営公害企業も姿を消して、大気も水質も大きく改善していった。

数年後、「黒い三角地帯で白い雪が降った」と子どもたちがびっくりしたというニュースが新聞の1面を飾り、それがブダペストの本部の壁に飾られた。

スイスの民間調査機関のデータでは、現在の大気汚染の国別ワーストランキングは、エストニアは世界で4番目に少なく、19位の日本より上位だ。あれほど高かった乳幼児死亡率は、スロベニアが世界で2番目に少なく3番目の日本を抜いた。

企業の意識の変化

市民運動の盛り上がりや国や自治体の規制強化、公害や開発をめぐる裁判で企業や行政の敗訴がつづいたことなどから、企業の公害に対する意識が変わってきた。環境対策の必要性を企業の社会的責任として受け止め、対策に乗り出した。

熱帯材輸入などが資源略奪的だと欧米で批判された大手の総合商社も、次々に環境部局をスタートさせて、熱帯林の植林やサンゴ礁の再生プロジェクトなどに協力するようになった。ある大手商社で「地球環境部」を立ち上げたときに、「部局名が長いと省略する慣例から『チカン部』になっちゃった」と担当者が苦笑していた。

大手の企業のなかにも、公害防止対策を重要な業務と位置づけて、積極的に取り組む姿勢が目立ってきた。環境関連部署を設け、ISO規格の認証の取得、環境報告書、社会的責任（CSR）報告書の作成、「公害防止ガイドライン」、企業が環境保全のために投じたコストと効果を数値化して評価する「環境会計」の導入などに取り組むようになった。

１９６６年から71年にかけて、民間の公害防止設備投資額は対前年度比で34～69％の高い伸びを示した。このうち、オイルショック直後の１９７５年度には、公害防止投資額は９６００億円になり、71年度の6倍近く伸びて全民間設備投資額に占める割合は17％にも拡大した。

公害防止投資は企業が最優先で取り組む投資項目のひとつとなり、公害防止技術の導入、省資源・省エネルギーの努力とあいまって、公害の沈静化に貢献した。企業は公害防止投資を通じて、各種の公害防止技術やノウハウを開発・蓄積しながら排出基準に適応していった。公害対策の技術的基盤の形成は、その後の公害防止機器の輸出にも力を発揮した。

環境保護の気運は中小企業にも広がっていった。日本政策金融公庫総合研究所が２０１１年に約6万８０００社を対象にしたアンケート調査では、「環境改善活動」について、「経費の削減につながった」が40・5％、「企業イメージが向上した」が21・1％あった（複数回答）。

公害防止機器は環境産業機器として裾野《すその》を広げ、２０１７年の市場規模は１０５兆４４９５億円と過去最高を記録した。２０００年の約1・8倍にもなった。

狭い国土の日本では、都市と工業地帯が接近しているという立地上の宿命がある。日本は両者が共存するしかなかった。燃料中の硫黄分の低減、工場の排煙からの脱硫・脱硝、集塵に関する技術は、世界トップクラスの高い技術力に成長した。世界に先駆けて硫黄分ゼロの軽油が流通するようになった。

自動車の環境性能でも、ハイブリッドや電子制御による燃料の完全燃焼、排ガスの低減装置など世界で最先端の技術を開発した。1970年代の排ガス規制で世界最高レベルの性能になり、国際的に高い評価を得た。

企業はこぞって環境保護への取り組みを発表したが、バブル崩壊、リーマンショックと経済の急変によって、「横並び」で環境保護部局を閉じたところが多いのは残念だ。

産業構造の変化—軽薄短小産業

長期の流れでみると、環境改善にもっとも貢献したのは産業構造の変化だった。1980年代に入ると、モノづくりの流れは重厚長大型の重工業中心から、技術集積型の付加価値の高い軽薄短小型の産業へと産業構造が変化していった。

1970年代のオイルショックを契機に重厚長大産業は構造不況に陥り、高度経済成長が減速するとともにしだいに競争力を失って、アジアの途上国が肩代わりしていった。代わりに自動車、電化製品、エレクトロニクス、コンピューターなどの軽薄短小産業（ハイテク産業）が急成長し、輸出の主力に躍り出た。ハイテク製品の製造は環境負荷が小さいことから、環境汚染の軽減に大きく貢献した。

「軽薄短小」と同時期には、日本経済の産業構造の転換を表現する言葉に「サービス化」「ソフト化」「高付加価値化」などが語られるようになった。サービスを提供する第三次産業の占める割合が、生産額でも就業者数でも増加した。つまり、商業、金融業、医療・福祉・教育・外食産業・情報通信産業など環境負荷の少ない業種への転換である。

第三次産業の就業者数が農林漁業の第一次産業を抜いたのは、1960年の国勢調査だ。2015年には第三次産業が70％を超える一方で、第一次産業は3・7％しかない。日本の経済成長を主導してきた第二次産業は1970年代には34％を超えていたのが、今や24・4％にまで縮んでしまった（図3－4）。

日本はもはや工業国ではない。日本企業は国内でのモノづくりをやめて、人件費が安いアジアなどに工場を移転した結果、国内の生産が衰退していく「製造業の空洞化」が進行している。国内の環境にとってはいいことではあったが、今度は「公害業種の輸出」という別の問題が発生した。

この変化とともに企業の環境への取り組みも大きく転換していった。公害防止に関するさまざまな法律が整備され、公害防止は国民的な合意になった。公害を排出する企業のイメージが悪化して、自社製品の販売や人材の獲得にも悪影響を与える恐れがある。このため、企

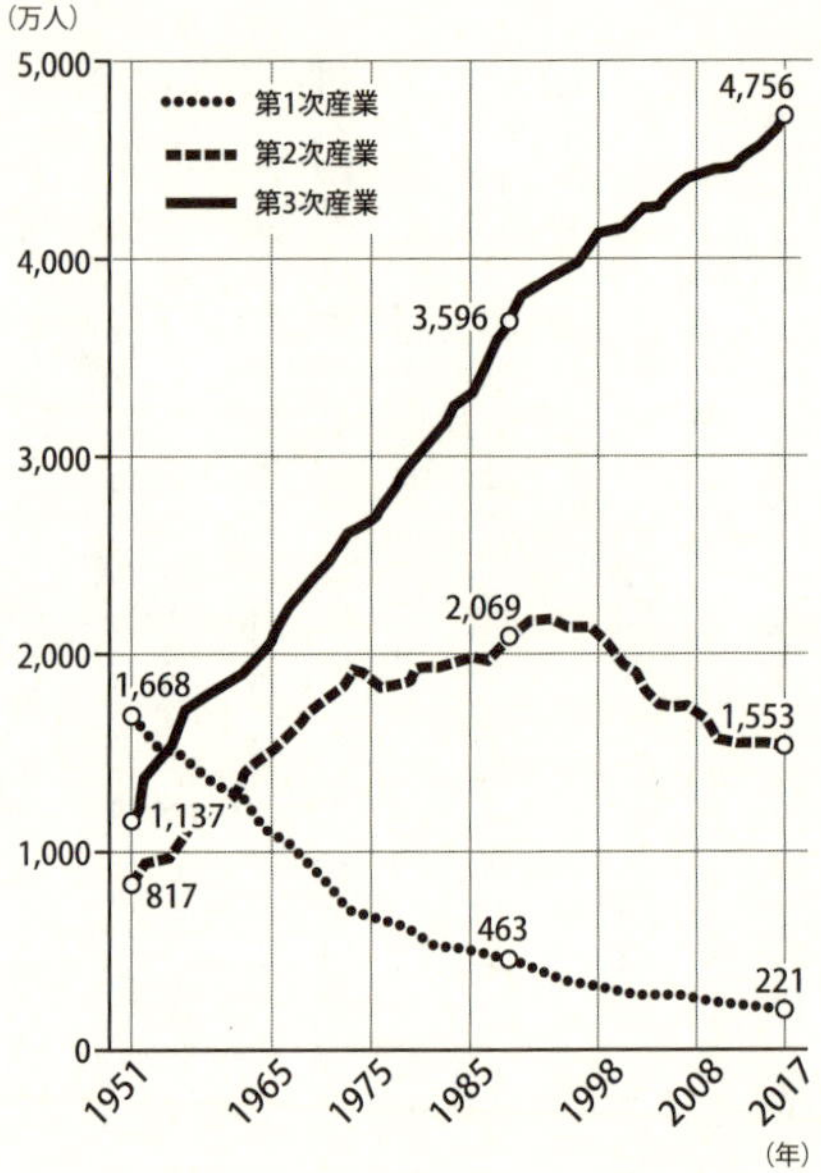

図3-4　日本の産業別人数（総務省「労働力調査」）

業は公害防止のために自己規制を強め、公害防止機器の設備投資を増額していった。

通産省（当時）が実施した製造業で資本金1億円以上の大企業を対象にした調査では、公害防止投資総額は１９７０年の２０００億円から増加をして、75年のピーク時には年間1兆円の規模に達した。１９７３年のオイルショック後、１９７４～76年と3年連続して設備投資の水準は前年を割りこんだ。そのなかで、企業は公害防止のための設備投資を大幅に増加した。

また、政府や自治体は公害防止にさまざまな優遇措置をとった。租税特別措置や特別償却などの優遇税制、政府系金融機関などによる低利融資などだ。このような優遇措置により、１９７５年度の税収は国と地方を合わせて約１０００億円の減収になった。「公害列島」と呼ばれた日本が「公害防止先進国」と呼ばれるようになった背景にはこうした地道な取り組みがあったことも強調しておきたい。

4．環境保護の将来

進む高齢化

80年間生きてきて、日本の転換点をいろいろ見てきた。敗戦（かすかな記憶だが）、高度経済成長、激甚公害、オイルショック、バブル経済とその崩壊、リーマンショック、阪神・淡路《あわじ》と東日本の二つの大震災……。

そして今、少子高齢化と人口減という人類史上でも前例のない壁が、日本の社会に立ち塞がっている。これは、10〜20年かけて少しずつ進行する「緩やか、かつ重大な転換点」といえるかもしれない。日本はこれをどう克服していくのだろうか。

国連人口部が2年ごとに発表する将来人口推計（2019年版）では、日本の人口は前回推定よりも7年早く、2058年に1億人を下回り、2100年には7500万人になる。2050年には25〜64歳の「現役世代」がひとりで、65歳以上の高齢人口ひとりを養うことになる。そのとき平均寿命は男性84歳、女性90歳になると予想される。2050年には、日本の１００歳以上の人口が１００万人を突破するという予測さえある。

現在のところ人口が回復する兆しはない。少子化の影響で「未来の母」になる女児の数が減っているからだ。仮に出生率が2倍になったとしても母親の数が半分になっていれば、生まれる子どもの数は変わらない。

国立社会保障・人口問題研究所の将来推計でも、人口減少は少なくとも２０９０年代半ばまではつづきそうだ。そのとき日本社会は存続しているだろうが、どのような形になるのだろうか。想像するだけで恐ろしい気がする。

世界を見渡してみると、現在２０１９年77億人の人口は２０５７年には１００億人を突破する。とくに、アフリカや西アジアの増加が突出している。平均寿命は２０１９年の72・6歳から２０５０年には77・1歳となり、人類のほぼ6人にひとりが65歳以上になる。

全人類が米国人並みの生活を送るとしたら、そのとき地球5個分の資源が必要になる。エネルギーや食糧などの資源の不足で、世界的な緊張・対立が高まって資源の争奪戦が起きるという悲観的なシナリオもある。資源の海外依存率は少しは下がるだろうが、自給率の低い日本としては世界人口の行方も気が気ではない。

一方で、楽観的な予測もある。エネルギーの消費効率が向上しているため、同じ量の製品を生産するのに使うエネルギーは、50年前の4割で済むようになった。農業生産量も

1960年代以降は毎年2・3%の伸びを見せ、人口増加率の1・7%を大きく超えている。過去半世紀を見ると、飢餓による死者の数よりも多くの人びとが貧困から脱し、健康と長寿を享受できる人たちも増えている。どちらのシナリオになるのかは、今後の人間の叡智《えいち》しだいということになるだろう。

この時代にあって、環境はどうなっていくのだろうか。自然は一度人の手が入ると、その後も人手をかけつづけなければならない。環境は放っておいて維持されるものではない。たとえば、農林漁業はつねに自然を管理しつづける必要がある。日本の自然は高温多湿が過ぎて植生の制御が難しく、莫大な労力と経費が雑草のコントロールに費やされてきた。手を抜けばたちまち雑草がはびこってくるのは、休耕田や耕作放棄地を見れば一目瞭然である。

絶滅の危機にある野生動物を救うために餌づけすれば、その後も餌をやりつづけねばならない。止めれば集落に入り込んで「害獣」と化す。人工干潟の造成が盛んだが、運び込んだ砂は波にさらわれて、砂浜を維持するには定期的に砂を補給する必要がある。砂は水とともに、今世紀後半にはもっとも枯渇が心配されている天然資源だ。すでに砂の大量採取によって、東南アジアなどで大規模な自然破壊を招いている。

人間がこれだけ自然をゆがめてしまった以上、今後はこれまで以上に環境の維持に努力を払う必要があるだろう。

最大の問題は第一次産業の維持である。日本の第一次産業の就業者は3・7％しかいない（第三章3）が、コメにせよ魚にせよ私たちの生活を支えている。

農業就業人口は年々減って「構造疲労」を起こしている。農林業センサスの結果では、2010〜18年だけで、260万人から175万人に減少した。うち約68％が65歳以上だ。全産業の就業者平均年齢の42・3歳を大きく上回っている。

日本学術会議は、水田の洪水防止機能だけで、全国で2兆6321億円、水質浄化機能が700億円もあると見積もっている。農業が環境にもたらす便益は、全体で47兆6260億円という巨額になるという。

すでに高齢化や人口減に直撃されて難しくなっているのが、人工林の管理だ。林業の高齢化率（65歳以上の割合）は、2015年は25％で、全産業平均の13％に比べ高い水準にある。日本の森林の4割を占める人工林は、人手不足と高い再造林費用のために、手入れされない放置面積が増えている。

とくに、九州では人工林が6割を占める一方で、約3割が植林されずに放棄されたままで山は丸坊主になっている。この結果、風害、雪害、病虫害などに対する抵抗力が弱まり、降雨によって表土が流され土砂災害が起きるようになる。そればかりか、シカやイノシシやサルなどが繁殖する原因にもなる。

孟宗竹《もうそうちく》の竹林が放置された結果、周囲の森林や集落に無秩序に侵入する竹害《ちくがい》に頭を抱える自治体が広がっている。とくに深刻なのは京都、静岡、山口、鹿児島、高知などの府県だ。手のつけようのない竹やぶがはびこっている。

日本学術会議の試算では、森林は「地球環境保全機能」「土壌保全・土砂災害防止機能」「水源かん養機能」「保健・レクリエーション機能」の四つの機能だけで、年間約70兆円分の経済効果があるという。このほかにも、「生物多様性保全」「二酸化炭素の吸収」などの機能が環境を支えている。

農林業は自然環境の維持に重要な役割を果たしている。水や大気、物質の循環に貢献しつつ、二酸化炭素を吸収し生物多様性保全に大きく貢献している。農林業の衰退によって環境の下支えが奪われつつある。

高い自然への関心

60代半ばになったころだろうか。同世代の友人から「この名前を教えてほしい」というメールとともに、山登りの途中で見かけた野草とか庭にやってきた野鳥の写真が送られてくるようになった。私は子どものころから植物や野鳥を追いかけ回していたので、頼りにされているらしい。

ゴルフ場の林ぐらいしか縁の無かった連中が、年をとって自然に関心を抱きはじめたようだ。なかには、植物園や動物園のボランティア解説員になったものもいる。

内閣府は１９９１年以来数年おきに「自然に対する関心度」の調査をしている。２０１６年の最新の調査では「非常に関心がある」と「ある程度関心がある」は89・０%もあり、高い割合を維持している。とくに、年齢が上がるにつれて高くなる。

身のまわりの自然とふれ合うときに、「動植物の種類や風景などに気をとめることがあるか」の問いには、「非常に気にとめて写真や記録をとっている」が９・２%、「気にはとめているが、写真や記録をとらない」が55・３%もいる。高齢者の間では自然とふれ合う「ゆとりある生活」を求める動きも広がっている。写真を送ってよこす友人が増えるわけだ。

住民の間に街路樹をめぐる論争が各地で起きている。かつては、交通騒音の遮断、大気浄化、街の景観などのために、並木道が歓迎された。しかし、大きく育つにつれて道路拡幅の邪魔になる。落ち葉で雨どいがつまり、強風のときに枯れ枝が落ちてくるなど苦情も出ている。私の近くで、横断歩道拡幅のためにこの紛争が起きたときに、敢然として木を守ったのは老人パワーだった。自然を大切にしたいということで団結したそうだ。

高齢化・人口減少は、環境へどのような変化を及ぼすだろうか。常識的には、人口減少は資源エネルギー消費の減少をもたらし、環境負荷を減らす効果があると考えられる。一方で、在宅時間が長いだけに、平均よりも家庭内でのエネルギー使用量が大きくなるという計算もある。

　日本の人口が将来1億人を割り込むとすると、ひとりあたりの専有面積は25％増加する。国交省の試算では、総人口が減るなかで、東京、名古屋、関西の三大都市圏に全人口の半分が集中し、とくに東京圏への一極集中が加速している。他方、地方では約38万平方キロの国土のうち人が居住しているのは約半分だけだ。２０５０年にはこのうちの6割の地域で人口が半減以下になると国交省は推計している。

　余剰となった土地や住宅をどのように活用するかが問題だ。すでに、全国平均では7軒に1軒は空き家であり、山梨、和歌山、長野、徳島などは5軒に1軒が空き家だ。今後ますます増えていくことは避けられない。民間の研究所の予測では、２０３３年には4軒に1軒が空き家になるという。

　十分な公共スペースを確保できるので、北欧のような緑地に囲まれたゆとりのある街づくりにつながるのかもしれない。一方で、高齢者が利便性の高い都市に集中する傾向にあるので、過疎過密がさらに進行するという矛盾も起こりうる。

　また、農山村に居住の希望のある都市住民について、国交省が行ったアンケートによれば、「豊かな自然に親しんだ生活がしたい」がもっとも多くて22・5％、「豊かな自然環境の中で子育てをしたい」が13・4%だ。

また、平日は都市部で生活し、週末は農山漁村地域で生活するといった二地域居住にあこがれる人は、50代で45%を超える。さらに、田舎での過ごし方を見ると、「静かにのんびり過ごしたい」人(60・2%)や「景色や環境がいい所で生活」したい人(52・8%)の割合が多い。

地方移住者の実態はよくわかっていないが、毎日新聞、NHK、明治大学の研究者の共同調査の結果では、地方に移住した人は2014年度に1万1735人にのぼり、09年度からの5年間で4倍以上に増えた。田舎暮らしの志向の高まりに、多くの地方自治体がさまざまな移住支援策を行っていることも大きい。

長寿化で長くなった老後を、社会のために貢献したいとする希望が強まっている。1995年の阪神・淡路大震災には、全国から数多くのボランティアが被災地の支援に駆けつけたことから、「ボランティア元年」とも呼ばれる。災害ボランティアの参加者は、阪神・淡路大震災(1995年)138万人、東日本大震災(2011年)102万人、広島土砂災害(2014年)4万人などとなっている。ボランティアの年齢層は、総務省の調査で2006年には50歳以上が8・5%だったのが、11年には18・9%に上がった。

環境分野でも、植林・下草刈り、動植物の保護、海岸などのごみ集め、国立公園や自然保護地の管理・維持、自然観察会の指導など活動の分野が広がっている。ますますこれらの分野での重要性が増すだろう。

内閣府が2016年度に発表した「市民の社会貢献に関する実態調査」によると、これまでボランティア活動に参加したことがある人は23・3%。分野は、「子ども・青少年育成」「まちづくり・まちおこし」「保健・医療・福祉」「自然・環境保全」などが多い。

次の担い手は

環境保護では、NGO・NPO、市民グループなどが担わねばならない分野が増えていくだろう。高齢化や人手不足に直撃されている農林業で、注目すべき活動は「緑のふるさと協力隊」だ。1993年に設立されたNPO法人の地球緑化センターが運営している。

参加する若者に技術や経験は求めず、農山村に入って暮らしながら、農作業や地域の行事への参加、農林業などの手伝い、特産品の商品開発など、現場の作業から観光、地域行事、福祉や教育分野に至るまで、地域の求めに応じた「お手伝い」をする。

創設者のひとり金井久美子《かないくみこ》(元地球緑化センター専務理事)は、「高齢化、過疎化によって疲弊している山村は若者の活力を求めている。他方、若者のなかには『都会から飛び出して、いままでと違う生き方をしてみたい』『自分の可能性を試してみたい』と考えている人がいる。こうした一致から生まれた」という。

受け入れ先となる市町村は、協力隊のための生活費として1ヵ月5万円を提供する。これまで25年間で約780人が参加した。平均年齢25〜26歳。このうちの約4割が、派遣された町や村に定住する道を選んだ。この「4割」という数字に驚く。

農家のお手伝いでは、「畑ヘルパー倶楽部《クラブ》」という、ボランティアグループが奈良市で活動している。2016年に設立され、メンバーは約60人。畑作業の手伝いの他、採れたての自然農法の野菜を使った料理教室や自然の下での婚活イベントなども開催している。

作業は、草刈りやタネまきなどの農作業、干し柿づくりなどの農産物づくりなど、初心者、女性にもできる。人手不足で悩む農家に喜んでもらえて、参加者は自然の中で汗を流してリフレッシュし、新鮮お野菜をお礼にもらえる。各地でこうした農業や林業のボランティア活動やグループづくりがじわじわ広がっている。

2009年の政権交代時、民主党は「新しい公共」というビジョンを目玉施策のひとつとして掲げた。そこで、市民活動の活性化による社会づくりが提唱された。これまでの行政が独占的に担ってきた「公共」だけでなく、これからは市民・事業者・行政の協働による「新たな公共」を実現しようというのだ。

医療・福祉、教育、子育て、まちづくり、学術・文化、環境、雇用、国際協力などの身近な分野において官民共助の精神による体制づくりや活動などが議論の対象になった。私も政府の審議会に出席してこの議論に加わった。

「公共性」を掲げてやりたい放題やってきた行政が、少子高齢化や財政難で手に負えなくなって、今度は「民間セクターの活力を活用したい」といいだした、というのが率直な感想だった。しかし、社会情勢を考えると、民間に頼らねばならない分野がますます増えていくことになるのだろう。

サブスク革命

消費者の意識も大きく変化し、「所有」から「共有」へと変わりつつある。高度成長期には、電気製品などのモノをそろえることは庶民の夢でもあった。だが、若い世代では、ネット、スマホの音楽・映像の配信で定額料金制度が定着した。メルカリなどシェアリング・エコノミーも日常的に受け入れられている。さまざまな「中古ビジネス」も花盛りだ。

「サブスク革命」という言葉も世界的に聞かれるようになった。「サブスクリプション革命」の略で、高級ブランド品、絵画などだけではなく、多くの日常用品をレンタルして毎月定額で好きな品を選ぶことができ、取り換えも可能というビジネスだ。洋服、アクセサリー、食品、酒、自動車、医師・弁護士への相談……と何でもありだ。日本では、「中古ビジネス」

が大盛況だ。

カーシェアリングの会員数は、２０１０年には1万５８９４人だったのが18年には１３２万人を超えた。車両台数は、この間に１２６５台から2万９２０８台と23倍になった（交通エコロジー・モビリティ財団調べ）。サブスク革命はますます進行するだろう。

米国からはじまった「ダウンサイジング」が、社会現象となって世界に支持者を増やしつつある。これまで生活を拡大することで満足感や充足感を味わってきたのが、生活規模を小さくして環境への負担も減らそうという新たな生活スタイルだ。

そのスターが、片付けコンサルタントの近藤《こんどう》麻理《まり》恵《え》さん。彼女の著書「人生がときめく片づけの魔法」のシリーズが各国語で翻訳され、世界で１１００万部を突破する超ベストセラーになった。２０１５年にはタイム誌の「世界で最も影響力のある１００人」に選ばれた。『ＫＯＮＭＡＲＩ～人生がときめく片づけの魔法～』として米国の動画配信サービスの「ネットフリックス」から映像が配信されると、「ＫｏｎＭａｒｉ」は「片付け」を表す動詞として使われる社会現象にもなった。家のなかがモノであふれかえった現代人に「コンマリする」ことが受け入れられ、その影響で古着屋やリサイクルショップ、図書館などへの寄付が激増しているという。

モノの所有が幸せに直結しない時代

環境省の2016年の調査によれば、モノの所有を控えようと行動している人は全体の半数を占めており、その理由として、保管場所、手入れや片付けの手間、所有することによる経済的な負担などが挙げられている。若い世代では、「所有しなくてもレンタルやシェアで代替できる」や「モノを買うよりもレンタルやシェアの方が安いから」といった動機が強い。

不要なモノを減らし必要最小限の機能に絞って生活する「断捨離」「ミニマル」という言葉がはやっている。現代は、モノの所有が幸せに直結しない時代だといわれる。

米国では、極力小さくした家に住む「タイニーハウス運動」も支持者が増えている。経済的な理由よりは、生活の利便性や環境にやさしいことが重視されている。定義はないが、400平方フィート（37平方メートル）以下をタイニーハウスと呼ぶことが多い。とくに、高齢者の間では、生活が楽になるとして人気が高い。英国、ドイツなどの欧州でも広がっている。

リサイクル産業も大はやりだ。この風潮はますます広がっていくことになるだろう。その分、環境負荷が少なくなり、ごみが減っていくのは歓迎すべきだ。

江戸時代には、町人や職人など町住まいの庶民の多くは長屋に住んでいた。それぞれの家はせいぜい二部屋。長屋生活を再現した「深川江戸資料館」でみると、10平方メートルもない。トイレも水道も共同で風呂《ふろ》は銭湯に通った。神田上水から配水された水道水は出が悪くて桶に水を溜めるのに時間がかかり、世間話をしながら待つために「井戸端会議」が生まれたという。

狭い長屋暮らしには収納するスペースが無く、長屋の住人に物品を貸し出す損料屋《そんりょうや》、今で言うレンタル屋が発達した。鍋・釜・布団《ふとん》・衣服などの日用品、蚊帳《かや》やこたつなどの季節的な品。損料屋の主力商品は「ふんどし」だった。当時のふんどしは高額で、6尺ふんどしが250文、現代の貨幣価値にすると5000円ほどもした。

借りに来る主な客は、足軽など貧乏な下級武士や労働者が多かった。損料屋に使用済みの汚れたふんどしを持って行くと、代わりに洗濯をしたものを貸し出してくれた。

自然再生のゆくえ

環境汚染や大規模開発がひと息ついたところで、破壊された自然を再生させようという動きも広がっている。やっと将来を考える余裕ができたということだろう。環境省は2002年、「新・生物多様性国家戦略」を策定し、自然の再生・修復を進める新たな法制度として、「自然再生推進法」を制定した。この法律に従って、消失・劣化した生態系の回復が図られることになった。

写真3-6　直線化された釧路川。右側はかつての蛇行水路（釧路河川事務所提供）

その実施のために、「自然再生協議会」が組織された。実施者、地域住民、ＮＰＯ、専門家、土地の所有者、関係行政機関、関係地方公共団体などによって構成される。これまで全国で20の協議会が生まれ、自然再生事業実施計画がつくられた。再生の対象をみると、「湿原・湖沼」が10ヵ所、「河川」が3ヵ所、「森林・草原」が4ヵ所、「海洋」3ヵ所。16ヵ所までが水環境であり、いかに開発の狙い撃ちにされたかがわかる。

これまでも、川の水を効率よく流して洪水を防止するために、「蛇行した流れ」を「直線的な流れ」へと変える河川改修事業が各地で進められてきた。たとえば、北海道の石狩川はかつて日本最長だったが、明治時代以来直線化工事が進められてきて１０２キロも短くなり、今や信濃川、利根川に抜かれて3位に後退した。

瀬や淵《ふち》のある蛇行河川の方が、直線河川に比べて生態系が多様で魚種や湿重量（捕獲魚類の合計体重）が多いことがわかっている。蛇行することで、浅く流れの速い「瀬」と深く流れが遅い「淵」ができる。瀬には藻類や水生昆虫が生息して魚に餌を提供し、隠れ場所や産卵場所にもなる。河川が直線化されると、そうした地形が失われる。

代表的なのが、北海道東部の釧路川の蛇行復元事業だ。ラムサール条約にも登録された日本最大の釧路湿原を流れる釧路川は、１９７０～80年代に6億円をかけて一部が直線化された。「自然再生推進法」によって生態系を回復させる目的で、２００７～11年に、元の蛇行に戻す工事が行われた。

この結果、１・６キロの「まっすぐな川」が、２・４キロの「曲がった川」へと戻された（写真３－６）。この事業費予算は約9億１０００万円だった。

北海道大学の研究者らが現地で検証したところ、蛇行に戻すことが河川や湿地環境を回復する手法として有効であると結論を下した。川の流れや深度が複雑になり、生息する魚類や水生昆虫の種類が増え、洪水時に川の水があふれやすくなって、30ヘクタールにおよぶ湿原の植生が回復したという。

だが、私が直線化した部分を訪ねたときに、工事から30年たって周辺の自然が回復して、人工の水路である痕跡は見つからなかった。蛇行工事は第二の自然破壊ではなかったのかという批判もある。6億円をかけて直線化（破壊）し、9億円かけて蛇行化（再生）するというのは、釈然としない。

ある会合で隣に座ったバリバリの建設族議員から、「あんたらは公共事業というと目くじらを立てるが、自然再生なら文句はいえんだろう」と、面と向かっていわれたことも引っかかっている。

「タンチョウ保護研究グループ」の理事長、百瀬邦和は、「釧路湿原は、上流の集水域から河口までが一体となった生態系、途中の一部を蛇行させただけで、自然再生ということはできない」と批判する。

どんな自然に再生するのか

「自然再生」というと響きがいいが、現実には難しい問題をはらんでいる。いつの時代まで戻すのか。戦前か、明治時代か、江戸時代か、はたまた縄文時代か。どのような自然を再生の目標にするのか。日本には、人の手の加わっていない自然はもはや存在しない。

1970年代のはじめごろだった。国際的な科学者団体の「国際生物学連合」が、地球上の生物の生産力を調査するために、各国に呼びかけて手つかずの原生自然を調査地として選んだことがある。日本では事前の調査で、もっとも自然が残されていると信じられた長野県の志賀《しが》高原近くの原生林が選ばれた。そこで土壌動物の研究者が土を掘っていたら、中から穴の開いた長靴が出てきた。研究者ががっくりしていたのを思い出す。

最近の研究では、アマゾンや西アフリカの原生林でも、市場価値の高い樹種が選択的に伐り出され、先住民が果実のなる樹種のタネをまいたりして、完全な自然はきわめて少ないことがわかってきた。

自然はつねに変化している。長野県の大正池《たいしょういけ》は、「特別名勝・特別天然記念物」に指定されている上高地《かみこうち》にある。池は近くの焼岳《やけだけ》が1915年（大正4年）に噴火し、泥流によって梓川《あずさがわ》が堰《せ》き止められたことでできた。

上流から大量の土砂が流入するため、池は年々浅くなっている。現在は観光地であると同時に、下流に建設された東京電力の水力発電所などの調整池としても利用するために、年間1万～2万立方メートルほどの土砂を浚渫《しゅんせつ》している。もしも浚渫を中止したら、10年もすれば池は土砂で埋まって湿原になり、やがて森林に戻るだろう。

どれが本来の「自然」なのだろう。梓川の時代か、池ができた直後か、浚渫で現状を維持している姿か。釧路湿原の場合、1980年ごろまでのデータがそろっているので、その時点を再生の目標にしている。でも、タンチョウは1600羽を超えるところまで「再生」したが、どのくらいまで増やすのが本来の「自然」なのだろうか。タンチョウ観察のために、さまざまな施設ができているが、それも取り払うべきなのか。

スマート技術が担う未来

そして今、ロボット、人工知能（AI）、自動運転、5Gスマホ、ドローン……とイノベーションが身辺に迫って、新たな転換点を迎えている。人工知能が人間の知能を超えるとされる「シンギュラリティ」の議論も盛んだ。

環境汚染の取り組みで世界から賞賛された日本は、これから「持続可能な社会」を世界に先駆けて構築し、「人口減少社会」をどう生きるかの手本を世界に示さねばならない。テクノロジーの急速な発展が、人類の「脅威」なのか「希望」なのか、まだわからない。おそらく両者が混在するのだろう。

しかし、今後とも飛躍的に発展していく先端技術の助けを借りなければ、産業も社会も成り立たない社会がくることは避けられないように思える。テクノロジーによって人間の能力を拡張することで、高齢化や人口減を補っていけると期待をかける人は多い。

たとえば、農業就業人口は、2015年の220万人が20年後には半分以下になると予測されている。労働力不足に対処するため、2019年から官民挙げて本格的な「スマート農業」がはじまった。

先端技術に情報通信技術（ＩＣＴ）を組み合わせて、省力化や高品質の農産物の生産を目指すものだ。農業用ロボット、自動運転トラクター、ドローンなども相次いで発売されている。すでに、兵庫県特産の黒豆「丹波黒」は、ドローンとＡＩを組み合わせてピンポイントの農薬散布技術で、農薬量を通常の99％削減に成功し、「スマート黒枝豆」として２０１８年からデパートで売り出された。

ＡＩによる画像解析で病害虫を検知し、農薬散布を極力減らす「スマート米」「スマート玄米」も、福岡、佐賀、大分、青森の4県でスタートした。ここでも難問は人材難だ。高齢化の進む農村でどう技術を普及させるか。それが、農業の救世主となれるかどうかを握っているのだろう。

海外では、ひと足先にさまざまな国で「スマート農業」が導入されている。オランダは、耕地面積と農業人口はそれぞれ日本の4分の1と7分の1以下の規模ながら、農業輸出額は米国に次ぐ世界第2位の農業大国だ。スマートフォンやタブレットを利用した、各種センサーによるセンシング技術で、作物の発育状況や病害虫発生を24時間監視するなど、先端技術の導入で生産性を上げている。

イスラエルは建国七十余年の歴史の浅い国だが、建国20年後には農産物の輸出国になった。

イスラエルほど農業に適さない国はあまりない。砂漠が60％を占め、水源がほとんどなく耕地面積は国土の24％しかない。食料の確保は安全保障上の優先課題で、現在では食料自給率は8割を超えた。

必要最小限の水しか作物に与えない「点滴灌漑」など最新の技術を磨き、特殊なカメラとセンサーで作物を監視して、病害虫を初期の段階で発見して駆除し、肥料の過不足もいち早く検知し対応する。生産コストは日本の10分の1だ。

畑に案内されたとき、自動化が進んだ畑には人の姿が見当たらないのが印象的だった。農業・農村開発省の専門家と話したとき「日本から見学者がくるので日本の事情は知っているが、イスラエルは国を挙げて農業を扱えるＩＴ技術者を養成しているが、日本でそれができますか」と逆にたずねられた。

同じく就業者の減少に悩む林業でも「スマート化」が進められている。これは、次世代の林業の担い手としての人材を育成し、ＩＴ技術を駆使して森林管理を「可視化」することによって、安全面でもコスト面でも効率のいい経営を目指している。

たとえば、以前は日数を要した森林の現地調査などは、ドローンを用いて森林を空撮することで樹木の種類や育成状況、伐採状況などの情報を短時間で収集できる上に、すぐにデータ化も可能なのでコスト削減に役立てることができる。

戦後間もなく打ち出された「拡大造林政策」で植林した木が、各地で伐採時期を迎えているのにもかかわらず、伐採する林業就業者がいないというジレンマに陥っている。ドローンを使って森林管理をデータ化し、ＧＩＳと組み合わせて地理情報を把握することにより、全国的な森林管理が可能とされている。伐採の場所や時期が判明すれば、人員的なコストも削減できる。しかし、農業に比べてまだ構想段階のものが多い。

＊　＊　＊　＊　＊

環境の改善は「これでよい」という到達点はない。それぞれの人がそれぞれに自分の望む環境像があるだろうし、住む場所や年齢によっても変わってくるだろう。日本では人口圧は下がって環境への重圧は減っていくだろうが、代わって人手をかけないと維持していけない環境も増えていく。永遠に努力が必要なのだろう。

あとがき

「長いこと環境問題に関わってきたが、これほど空気も水もきれいになるとは思わなかった」と話すと、かつての公害の記憶が染み込んでいる私と同世代は、「まだ環境はひどい」と信じている人が多い。一方で若い世代は、公害や自然破壊は教科書で習った歴史上のできごとで、「環境」そのものにあまり関心を抱いていないようにみえる。

教えていた学生からこういわれたことがある。

「公害病で多くの人が亡くなった時代のことは本で知った。それに比べれば非常によくなったことはわかる。でも、どのようによくなってきたのかがわからない」

この変化の時代に生きてきたひとりとして、「環境の変化」を記録しておかねばと思いつつも、そのつど別のテーマに心を奪われて先延ばしにしてきた。その「先」がなくなってやっと本書に取りかかった。私にとっては、遺言のつもりである。

80年の人生を振り返ると、まがりくねってはいたが一本のレールを走ってきたような気はする。5歳のときに近所の植物好きのおばさんに連れられて、植物分類学の泰斗、牧野《まきの》富太《とみた》郎《ろう》の練馬《ねりま》区東大泉《ひがしおおいずみ》（現在は区立牧野記念庭園）の自宅に出入りするようになった。これがきっかけで、この年まで自然には格別の愛着を抱いてきた。それが環境に関心を持ちつづけた理由でもある。

新聞社に入社して、初任地の静岡で出会った「田子の浦のヘドロ事件」で、公害問題に目覚めた。その取材から、世界の海洋環境が容易ならざる事態になっていることを知って、10年におよぶ国連海洋法会議のほぼ全会期を取材した。

さらに、地球温暖化、オゾン層破壊、森林喪失、化学汚染といった地球全体に関わる環境問題が顕在化してきて、関心は地球環境へと広がっていった。そして、環境破壊と複雑に絡み合う貧困、飢餓、収奪、政治腐敗、感染症といった問題が凝縮するアフリカに、のめり込むことになった。

この間に、職場も新聞社から国連、援助機関、大学、国際機関、在外大使館……と、変わってきた。転々としながらも、「地球や日本はどうなるのだろうか」という疑問は持ちつづけた。現場を見ないと気がすまないたちで、これまで南極・北極を含めて130ヵ国以上を訪ね、5ヵ国に長期間住んだ。過去50年余、環境の変化を現場で見てきたといってよいだろう。

これらの国々で取材して、日本ほど短期間で激甚な公害を引き起こし、短期間でそれを回復させた国はなかった。各国の環境対策を調べていて、日本ほど環境に関わる問題が裁判に持ち込まれた国は他に見つからない。政府が産業保護に固執して住民をないがしろにした結果、法廷に駆け込むしかなかった。

日本が「失われた20年」といって鬱々《うつうつ》としているときに、アジアは急速な発展をとげていた。その変化は目をみはるばかりだ。ひとりあたりのGDPランキングでは、2000年には日本は世界の2位だったのが、18年には26位にまで沈んだ。8位のシンガポールにいたっては、日本の1・6倍もある。シンガポール国立大学の旧友の教授に、こうからかわれた。

「私たちがプールで必死に泳いでいたときに、日本は立ち泳ぎをしていたんじゃないの?」

アジア・アフリカの大都市には高層ビルが林立して、交通が渋滞し、道行く人の身なりはよくなり、せかせかと早足で歩くようになった。30年前の面影を見つけるのが難しい。他方、環境の方はかつての日本を彷彿《ほうふつ》とさせるほど悪化している。

今後の日本の行方を論じるときに、「普通の国になる」というと拒否反応を示す人が少なくない。だが、現実を直視すれば、日本は歴史の主役からはずれつつある。どんな二枚目でもいずれは老け役に回るときがくる。海外で仕事をしていると、日本の存在感がしだいに薄くなっていくのがわかる。

「普通の国」になったのは、国際統計データ専門サイトから確認できる。それぞれの項目で、国をランク付けしたものだ。国際社会における日本の立ち位置が見えてくる（データは2017年）。

政治部門では、「政治的安定度5位」「政治の民主化度41位」「法規制の健全性22位」「政治の腐敗抑制制度21位」「女性議員割合144位」。それ以外では、「平均年収20位」「家計貯蓄率23位」「携帯電話普及率42位」「移民人口比率168位」「政府支出に占める公的教育費割合132位」「教育制度への市民満足度30位」「小学校教員一人当たり生徒数70位」「大学進学率男子30位・女子55位」

日本は歴史的な使命は十分に果たしたと思う。高性能・小型・安価な製品を世界中に売りまくって、20世紀の産業発展に大きく貢献した。これまでに26人のノーベル賞受賞者を出し人類の知的財産を増やした。ついでに、環境の汚染や破壊の「教訓」もしっかりと残した。食やマンガをはじめとする日本の文化は世界を魅了した。

むろん、まだ注文は数多く残っている。

必要のない過剰な公共事業が依然としてはびこり、余計な開発や施設によって日本の景観がしだいに醜悪になっている。電柱、海岸のブロック、観光地のおみやげ屋、はんらんする野外広告……。

一方で、人口減と過疎化は、かつての美しい「自然景観」を取り戻す絶好の機会かもしれない。それと、欧米先進国に比べて大きく後れをとった「アメニティ」の向上も何とかしてほしい。

21世紀を「再生の世紀」にしたい。私も6人の孫を持つジージになった。子どものころ味わった、海や山の気持ちよい空気と陽ざし、海や川で泳いだときの水の感触、生き物の生態から知った自然の不思議さや美しさを伝えたい。

本書の執筆は、センチメンタル・ジャーニーでもあった。昔の名刺帳、住所録、新聞切り抜き帳を引っ張り出し、処分するつもりだった参考文献を取りだした。親しくしていた研究者、いっしょに現場を走り回った活動家、傲慢《ごうまん》だった企業幹部や役人……の名前を見つけたが、その多くはすでに鬼籍に入っていた。

実際に30～40年ぶりに会ったり、話したりした人もいた。なかには98歳になられた元大学教授もいた。再会して昔話をするのは本当に楽しくて時間を忘れた。

書物や資料を読み返しながら、当時は気がつかなかったが、この日本が「こんな国」であったことを改めて考えさせられた。石牟礼道子《いしむれみちこ》は『苦海浄土』のなかで、「近代には、我々が普通に考えている人格とは違う、『化け物』のような人格がある」と書いた。彼女のいう「近代の闇」である。

日本だけで約３１０万人ものいのちを奪った太平洋戦争は、敗戦の1年前に戦争を止めていれば、その9割が死なずにすんだ（吉田裕『日本軍兵士』中公新書）。私たちは権力者にとっては「虫けら」でしかなかった。チッソにしても昭和電工にしても、公害企業のなかに、かつて軍需会社だった過去をもつ企業の名を多く発見できる（宇井純『技術と産業公害』国際連合大学）。

「優生保護法」（1948～96年）という法律のもとで行われていた、障害者への強制不妊手術。2018年になって、手術を受けさせられた女性が国に損害賠償を求める訴訟を起こした。この法律の目的は、「不良な子孫の出生を防止する」ことにあり、被害者は1万6000人におよぶと推定される。

ハンセン病の患者など手術を強制された人を含めると、被害者は約2万5000人にのぼるといわれる。ハンセン病に対しては、1907年、「癩《らい》予防ニ関スル件」という法律が制定され隔離がはじまった。1931年に改正された「癩予防法」では強制的な隔離になり、まるで凶悪犯捜索のように患者が狩り立てられた。1947年には新薬で完治できるようになった。にもかかわらず、法律が撤廃されたのは1996年になってからだ。

1899年にアイヌ民族の「保護」をうたった「北海道旧土人保護法」が制定された。アイヌの「日本人化の強要」と「日本人社会からの排除」という二重の差別構造をもった同化政策である。これが廃止されたのは1997年に制定された「アイヌ新法」に変わってからだ。近代国家にあるまじきこんな恥ずかしい法律名が、100年近く生きていた。

まさしく、産業公害もこれらのDNAを引き継ぐものだ。水俣病に典型的に表れているように、国家主導でもみ消し、責任を拒否し、解決の引き延ばしを図った。ある有力政治家と議論したとき、私の問いに彼はこう答えた。

「昔のことをどうこういうが、当時はそうせざるを得ない時代だった。現在の価値観で過去を断罪するのはいかがなものか。公害だって戦後復興は国民の総意であり、少しぐらいの汚染や犠牲はやむを得なかった」

それ以上議論をする気になれなかった。企業の「利益至上主義」とともに、政治家の劣化と官僚の倫理観の欠如が環境破壊の根底にある。こうした政治風土を許してきたのは日本国民である。

最後に、足尾銅山鉱毒事件で先頭に立って村人のために戦った、田中正造の日記の一節を紹介したい。

真の文明は／山を荒らさず／川を荒らさず／村を破らず／人を殺さざるべし
執筆のために、200冊を超える本や報告書のお世話になった。電話を含めて50人以上の方にインタビューした。そのなかでとくに頼りにしたのは、次の4冊である。幸運なことに、いずれも著者やご遺族からいただいたものだ。

長いこと本箱で背表紙をさらしていたが、今回は中身も大活躍してくれた。これらの著書がなければ本書もなかったことを告白しておきたい。川名氏には、個人的にもいろいろと相談に乗っていただいた。

宮本憲一（2014）『戦後日本公害史論』岩波書店
川名英之（1987〜96）『ドキュメント日本の公害』全13巻　緑風出版
飯島伸子編著（2007）『公害・労災・職業病年表』公害対策技術同友会
宇井純（2014）『宇井純セレクション』全3巻　新泉社

これまでの著作で、多くは地球環境や環境史をテーマにしてきた。しかし、足下の日本の公害・環境の歴史にだけしぼって書くのははじめてである。あまりに多くの情報があり、何を書いて何を書かないかに煩悶《はんもん》した。第一章は、nippon.comに連載したものを再構成した。それ以外は書き下ろしである。

角川新書編集部の堀由紀子さんに心から感謝したい。企画の段階から後押ししてくださり、彼女の叱咤《しった》激励がなかったら挫折《ざせつ》していたことは間違いない。ここに、取材でお世話になった多くの方々のお名前を挙げられないが、心からお礼の言葉を述べさせていただく。

参考文献

第一章　鳥たちが戻ってきた

1．千羽鶴になったタンチョウ

・日本鳥類保護連盟編（２０１１）『鳥との共存をめざして―考え方と進め方』中央法規
・正冨宏之（２０１０）『タンチョウ　いとこちたきさまなれど』北海道新聞社
・柳澤紀夫（１９８９）『ツルの渡る日』ちくまライブラリー
・Tancho Protection Group 2010 "Cranes and People : Prologue to Approach for Conservation the Red-crowned Crane"
・Tancho Protection Group 2009 "Towards the Future : the Red-crowned Crane and People"
・林田恒夫、昱子（２０１５）『世界ツル大鑑 15の鳥の物語』山と渓谷社

2．孤島で全滅を免れたアホウドリ

・井伏鱒二（１９９９）『ジョン万次郎漂流記』偕成社文庫
・河田小龍、ジョン万次郎（谷村鯛夢訳）（２０１８）『漂巽紀畧 全現代語訳』講談社学術文庫
・髙橋大輔（２０１６）『漂流の島：江戸時代の鳥島漂流民たちを追う』草思社
・中浜博（１９９４）『私のジョン万次郎―子孫が明かす漂流の真実』小学館ライブラリー
・長谷川博（２０１５）『オキノタユウの島で―無人島滞在〝アホウドリ〟調査日誌』偕成社
・長谷川博（２００３）『50羽から５０００羽へ―アホウドリの完全復活をめざして』どうぶつ社
・春名徹（１９８８）『世界を見てしまった男たち―江戸の異郷体験』ちくま文庫

・平岡昭利（２０１２）『アホウドリと「帝国」日本の拡大』明石書店
・平岡昭利（２０１５）『アホウドリを追った日本人―一攫千金の夢と南洋進出』岩波新書
・M・C・ペリー（木原悦子訳）（１９９６）『ペリー提督日本遠征日記』小学館
・吉村昭（１９８０）『漂流』新潮文庫
・吉村昭（２００３）『漂流記の魅力』新潮新書

3. 大空を舞うガンの群れ

・荒尾稔（２０１２）「冬期湛水（ふゆみずたんぼ）による人と水鳥との共生「蕪栗沼の奇跡」」印旛沼流域水循環健全化調査研究報告1
・池内俊雄（１９９６）『マガン』文一総合出版
・雁の里親友の会事務局（２０１５）『化女沼におけるガン類の全観察記録』
・呉地正行（２００６）『雁よ渡れ』どうぶつ社
・呉地正行（２０１０）『いのちにぎわうふゆみずたんぼ』童心社
・小林一茶、丸山一彦（１９９０）『新訂　一茶俳句集』岩波文庫
・塚本洋三（２００６）『東京湾にガンがいた頃―鳥・ひと・干潟　どこへ』文一総合出版
・星子廉彰（１９８５）『北海道美唄市を中心に飛来する北帰行途中のマガンについて』Wildlife Report 野生生物情報センター№2
・松田道生（１９９５）『江戸のバードウォッチング』あすなろ書房

4．野生に戻ったトキ
・菊地直樹（2006）『蘇るコウノトリ―野生復帰から地域再生へ』東京大学出版会
・国松俊英（1998）『最後のトキ ニッポニア・ニッポン―トキ保護にかけた人びとの記録』金の星社
・国松俊英（2011）『トキよ未来へはばたけ―ニッポニア・ニッポンを守る人たち』くもん出版
・国土交通省編（2005）『トキの野生復帰のための生息環境の整備方策策定調査報告書』
・小林照幸（1998）『朱鷺の遺言』中央公論社
・須田中夫（1994）『朱鷺と人間と―保護活動40年の軌跡』プレジデント社
・新潟日報社報道部（2010）『朱鷺の国から―佐渡に希望を運ぶ鳥』農林統計協会
・村本義雄（2017）『中国のトキを慕いて』橋本確文堂
・村本義雄（1972）『能登のトキ』北国出版社
・劉蔭増（桂千恵子訳）（1992）『トキが生きていた―国際保護鳥トキ再発見の物語』ポプラ社

第二章　きれいになった水と大気
1．数字でみる環境改善
・Organization for Economic Cooperation and Development（OECD）1977，“Environmental Policies in Japan”
・奥真美、参議院環境委員会調査室編（2009）『図説 環境問題データブック』学陽書房
・石橋春男、小塚浩志、中藤和重（2012）『現代日本の環境問題と環境政策』泉文堂
・昭和44年版公害白書

・昭和45年版公害白書
・昭和46年版公害白書
・昭和47年版環境白書
・昭和51年版環境白書
・昭和55年版環境白書
・平成2年版環境白書
・平成7年版環境白書
・平成12年版環境白書
・平成28年版環境白書・循環型社会白書・生物多様性白書
・平成29年版環境白書・循環型社会白書・生物多様性白書
・平成30年版環境白書・循環型社会白書・生物多様性白書

2. 回復に向かう東京湾

・小倉紀雄・高田秀重（1995）「東京湾　一〇〇年の環境変遷」安全工学34巻5号
・貝塚爽平（2011）『東京の自然史』講談社学術文庫
・木村尚（2016）『都会の里海 東京湾―人・文化・生き物』中公新書ラクレ
・久保牛彦（1985）『新房総風土記』うらべ書房
・港湾環境創造研究会（1997）『よみがえる海辺―環境創造21』山海堂
・小松正之、望月賢二他（2010）『東京湾再生計画―よみがえれ江戸前の魚たち』雄山閣
・NPO法人三番瀬環境市民センター（2008）『海辺再生―東京湾三番瀬』築地書館

・関口雄三（2018）『「ふるさと東京」再生―本当の豊かさとはなにか。次世代の子どもたちに残し、伝えたいもの』幻冬舎メディアコンサルティング
・丹野清志（2015）『海の記憶―七〇年代、日本の海』緑風出版
・千葉大学教育学部社会学研究室調査編集（1969）『漁業権放棄以後における補償漁民の生活変化と補償金の使途に関する調査報告書』
・小埜尾精一、三番瀬フォーラム（1995）『東京湾三番瀬―海を歩く』三一書房
・東京湾海洋環境問題委員会編（2011）『東京湾―人と自然のかかわりの再生』恒星社厚生閣
・若林敬子（2000）『東京湾の環境問題史』有斐閣

3．多摩川にアユが踊る
・宇沢弘文・大熊孝編（2010）『社会的共通資本としての川』東京大学出版会
・加藤辿（1973）『都市が滅ぼした川―多摩川の自然史』中公新書
・新多摩川誌編集委員会（2001）『新多摩川誌』河川環境管理財団
・田辺陽一（2006）『アユ百万匹がかえってきた―いま多摩川でおきている奇跡』小学館
・山崎充哲（2012）『タマゾン川―多摩川でいのちを考える』旬報社
・山道省三（2000）『多摩川をモデルとした「河川環境」の保全に関する住民型の手法、制度についての調査・研究』とうきゅう環境浄化財団
・横山理子編著（1973）『多摩川の自然を守る―主婦の住民運動』三省堂新書
・横山十四男（2004）『たまびとの、市民運動から「環境史観」へ』百水社

4. 川崎に青空が戻った

・石塚裕道（1996）「京浜工業地帯形成史序説―1910年代を中心に」日本大学文理学部人文科学研究所研究紀要51号
・磯部涼（2017）『ルポ 川崎』CYZO
・NPO法人環境研究会かわさき（2014）『川崎の環境　今・昔　第1巻　大気編』
・NPO法人環境研究会かわさき（2016）『川崎の環境　今・昔　第2巻　大気汚染・自動車対策編』
・NPO法人環境研究会かわさき（2017）『川崎の環境　今・昔　第3巻　水環境編』
・環境省水・大気環境局編（2019）『平成29年版日本の大気汚染状況』経済産業調査会
・川崎市（2016）『川崎から世界へ伝える環境技術―過去の経験と未来へのメッセージ』
・篠原義仁編著（2007）『よみがえれ青い空―川崎公害裁判からまちづくりへ』花伝社
・永井進、除本理史、寺西俊一（2002）『環境再生―川崎から公害地域の再生を考える』有斐閣選書

5. ブナの森が残った

・石弘之（2011）『名作の中の地球環境史』岩波書店
・石川徹也（2011）『朝日連峰の自然と保護』緑風出版
・太田威（1994）『ブナ林に生きる―山人の四季』平凡社
・コンラッド・タットマン（熊崎実訳）（1998）『日本人はどのように森をつくってきたのか』築地書館

・川添登（1990）『「木の文明」の成立〈上下〉』NHKブックス
・佐藤昌明（2006）『新・白神山地―森は蘇るか』緑風出版
・志田忠儀（2014）『ラスト・マタギ 志田忠儀・98歳の生活と意見』角川書店
・白井裕子（2009）『森林の崩壊―国土をめぐる負の連鎖』新潮新書
・田中淳夫（2005）『だれが日本の「森」を殺すのか』洋泉社
・田中淳夫（2014）『森と日本人の1500年』平凡社新書
・原敬一（2001）『ブナの森に大規模林道はいらない―山形県 朝日・小国林道阻止の記録』無明舎出版
・牧野和春（1988）『森林を蘇らせた日本人』NHKブックス
・安田喜憲（1992）『日本文化の風土』朝倉書店
・安田喜憲（2013）『環境考古学への道』ミネルヴァ書房
・西口親雄（1996）『ブナの森を楽しむ』岩波新書

第三章　どこへ行く日本の環境

1. 日本人の生命観の変化

・石塚官蔵（1972）『亜国来使記』郷土資料複製叢書
・江口保暢（1998）『動物に観る人の歴史』日本図書刊行会
・川澄哲夫（2005）『黒船異聞―日本を開国したのは捕鯨船だ』有隣堂
・菊池徹（1983）『犬たちの南極』中公文庫
・ケンペル（斎藤信訳）（1977）『江戸参府旅行日記』東洋文庫

・德川恒孝（２００７）『江戸の遺伝子―いまこそ見直されるべき日本人の知恵』ＰＨＰ研究所
・鯖田豊之（１９７９）『肉食文化と米食文化―過剰栄養の時代』講談社
・中村禎里（２００６）『日本人の動物観―変身譚の歴史』ビイング・ネット・プレス
・西川武臣（２０１６）『ペリー来航―日本・琉球をゆるがした４１２日間』中公新書
・眞嶋亜有（２００２）『肉食という近代―明治期日本における食肉軍事需要と肉食観の特徴』アジア文化研究別冊11号、ＩＣＵアジア文化研究所
・Ｍ・Ｃ・ペリー（木原悦子訳）（１９９６）『ペリー提督日本遠征日記』小学館
・森田勝昭（１９９４）『鯨と捕鯨の文化史』名古屋大学出版会
・与田準一（１９９２）『金子みすゞ全集』ＪＵＬＡ出版局
・渡邊洋之（２００６）『捕鯨問題の歴史社会学―近現代日本におけるクジラと人間』東信堂

2．何が環境を変えたのか

・石牟礼道子（２００４）『新装版 苦海浄土―わが水俣病』講談社文庫
・井上堅太郎（２００６）『日本環境史概説』大学教育出版
・宇井純（１９６８）『公害の政治学―水俣病を追って』三省堂新書
・宇井純（２００６）『新装版 合本 公害原論』亜紀書房
・宇井純（２０１４）『原点としての水俣病』（宇井純セレクション１）新泉社
・是枝裕和（２０１４）『雲は答えなかった―高級官僚 その生と死』ＰＨＰ文庫
・水俣病50年取材班（２００６）『水俣病50年―「過去」に「未来」を学ぶ』西日本新聞社
・高橋光幸（２０１７）「戦後における観光資源の保全と利用の歴史に関する考察」富山国際大学現代

社会学部紀要第9巻
・富樫貞夫（2017）『〈水俣病〉事件の61年―未解明の現実を見すえて』弦書房
・西村肇、岡本達明（2006）『水俣病の科学（増補版）』日本評論社
・原田正純（1972）『水俣病』岩波新書
・原田正純（1994）『慢性水俣病　何が病像論なのか』実教出版
・政野淳子（2013）『四大公害病―水俣病、新潟水俣病、イタイイタイ病、四日市公害』中公新書
・水俣市（2016）『水俣病―その歴史と教訓　2015』
・読売新聞社編（2000）『20世紀どんな時代だったのか―ライフスタイル・産業経済編』読売新聞社

3．環境を救ったものは

・江頭説子（2015）「大気汚染公害訴訟における「地域再生」の視点の意義と現状―倉敷公害訴訟と水島地域を事例として」地域社会学会年報第27集
・岡田一郎（2016）『革新自治体―熱狂と挫折に何を学ぶか』中公新書
・北九州市産業史・公害対策史・土木史編集委員会公害対策史部会編（1998）『北九州市公害対策史』北九州市
・小山仁示（1988）『西淀川公害―大気汚染の被害と歴史』東方出版
・杉本裕明（2012）『環境省の大罪』PHP研究所
・髙田知紀（2014）『自然再生と社会的合意形成』東信堂
・林栄代（1971）『八幡の公害』朝日新聞社

・林えいだい（2017）『これが公害だ 北九州市「青空がほしい」運動の軌跡』新評論
・宮内泰介（2017）『歩く、見る、聞く人びとの自然再生』岩波新書
・宮本憲一（2000）『公害 環境研究の三〇年』環境と公害30巻1号
・渡辺綱男（2018）「湿地を対象とした自然再生事業の現状と持続的展開に関する研究（学位論文）」

4．環境保護の将来

・石井邦宜監修（2002）『20世紀の日本環境史』産業環境管理協会
・石橋春男、中藤和重他（2012）『現代日本の環境問題と環境政策』泉文堂
・NHKスペシャル取材班（2017）『縮小ニッポンの衝撃』講談社現代新書
・E・T・ボリス、C・E・スターリ（上野真城子・山内直人訳）（2007）『NPOと政府』ミネルヴァ書房
・植村振作、山本健治（2001）『市民運動の時代です―市民が主役の21世紀』第三書院
・武内和彦、渡辺綱男（2014）『日本の自然環境政策―自然共生社会をつくる』東京大学出版会
・高田昭彦（2018）『市民運動としてのNPO：1990年代のNPO法成立に向けた市民の動き』風間書房

石　弘之（いし・ひろゆき）
1940年東京都生まれ。東京大学卒業後、朝日新聞社入社。ニューヨーク特派員、編集委員などを経て退社。国連環境計画（UNEP）上級顧問を経て、96年より東京大学大学院教授、ザンビア特命全権大使、北海道大学大学院教授などを歴任。この間、国際協力事業団参与、東中欧環境センター理事などを兼務。国連ボーマ賞、国連グローバル500賞、毎日出版文化賞をそれぞれ受賞。主な著書に『感染症の世界史』（角川ソフィア文庫）、『鉄条網の世界史』（同／共著）、『地球環境報告』（岩波新書）、『世界の森林破壊を追う』（朝日選書）、『歴史を変えた火山噴火』（刀水書房）など多数。

環境再興史《かんきようさいこうし》

よみがえる日本《にほん》の自然《しぜん》

石《いし》　弘之《ひろゆき》

2019年 9 月 10 日　初版発行

発行者　郡司 聡
発　行　株式会社KADOKAWA
〒102-8177　東京都千代田区富士見 2-13-3
電話　0570-002-301（ナビダイヤル）
装 丁 者　緒方修一（ラーフイン・ワークショップ）
ロゴデザイン　good design company
オビデザイン　Zapp!　白金正之
印 刷 所　株式会社暁印刷
製 本 所　株式会社ビルディング・ブックセンター

角川新書

ISBN978-4-04-082237-2 C0236

KADOKAWAの新書 好評既刊

ミュシャから少女まんがへ
幻の画家・一条成美と明治のアール・ヌーヴォー
大塚英志

与謝野晶子・鉄幹の『明星』の表紙を飾ったのはアール・ヌーヴォーの画家、ミュシャを借用した絵だった。以来、現代の少女まんがに至るまで多大な影響を与えたミュシャのアートは、いかにして日本に受容されたのか？

サブスクリプション
製品から顧客中心のビジネスモデルへ
雨宮寛二

「所有」から「利用」へ。商品の販売ではなく、サービスを提供して顧客との関係性を強めていく。この急速に進展するビジネスモデルの成長性・戦略性・成功条件を数多くの事例を取りあげながら解説する。

政界版 悪魔の辞典
池上 彰

辞典の体裁をとり、政治や選挙ででてくる用語を池上流の皮肉やブラックユーモアで解説した一冊。アンブローズ・ビアスの『悪魔の辞典』をモチーフにした風刺ジャーナリズムの原点というべき現代版悪魔の辞典の登場。

知らないと恥をかく世界の大問題10
転機を迎える世界と日本
池上 彰

大国のエゴのぶつかり合いをはじめ、テロや紛争、他民族排斥の動き、環境問題、貧困問題と課題は山積み。未来を拓くために、いまこそ歴史に学び、世界が抱える大問題を知る必要がある。人気新書・最新第10弾。

恥ずかしい英語
長尾和夫
アンディ・バーガー

I don't understand. とI'm not following.、同じ「わかりません」でも好感が持てるのは後者。使ってしまいがちな誤解を招きやすい表現と、ビジネスパーソンにふさわしい知的で好感度が高いフレーズ192を比較しながら会話例とともに紹介！